MÉMORIAL

DES

SCIENCES MATHÉMATIQUES

PUBLIÉ SOUS LE PATRONAGE DE

L'ACADÉMIE DES SCIENCES DE PARIS,

DES ACADÉMIES DE BELGRADE, BRUXELLES, BUCAREST, COIMBRE, CRACOVIE, KIEW, MADRID, PRAGUE, ROME, STOCKHOLM (FONDATION MITTAG-LEFFLER), ETC. DE LA SOCIÉTÉ MATHÉMATIQUE DE FRANCE, AVEC LA COLLABORATION DE NOMBREUX SAVANTS.

DIRECTEUR

Henri VILLAT

Correspondant de l'Académie des Sciences de Paris,
Professeur à la Sorbonne,
Directeur du « Journal de Mathématiques pures et appliquées ».

FASCICULE XXVIII

Approximations successives et équations différentielles

Par M. Émile COTTON

Professeur à la Faculté des Sciences de Grenoble.

PARIS

GAUTHIER-VILLARS ET Cie, ÉDITEURS

LIBRAIRES DU BUREAU DES LONGITUDES, DE L'ÉCOLE POLYTECHNIQUE,

Quai des Grands-Augustins, 55.

1928

MÉMORIAL

DES

SCIENCES MATHÉMATIQUES

82344-28 PARIS. — IMPRIMERIE GAUTHIER-VILLARS ET Cie,
Quai des Grands-Augustins, 55.

MÉMORIAL

DES

SCIENCES MATHÉMATIQUES

PUBLIÉ SOUS LE PATRONAGE DE

L'ACADÉMIE DES SCIENCES DE PARIS

DES ACADÉMIES DE BELGRADE, BRUXELLES, BUCAREST, COÏMBRE, CRACOVIE, KIEW, MADRID, PRAGUE, ROME, STOCKHOLM (FONDATION MITTAG-LEFFLER), ETC., DE LA SOCIÉTÉ MATHÉMATIQUE DE FRANCE, AVEC LA COLLABORATION DE NOMBREUX SAVANTS.

DIRECTEUR :

Henri VILLAT

Correspondant de l'Académie des Sciences de Paris,
Professeur à la Sorbonne,
Directeur du « Journal de Mathématiques pures et appliquées. ».

FASCICULE XXVIII

Approximations successives et équations différentielles

PAR M. ÉMILE COTTON

Professeur à la Faculté des Sciences de Grenoble.

PARIS

GAUTHIER-VILLARS ET Cie, ÉDITEURS

LIBRAIRES DU BUREAU DES LONGITUDES, DE L'ÉCOLE POLYTECHNIQUE

Quai des Grands-Augustins, 55.

1928

AVERTISSEMENT

La Bibliographie est placée à la fin du fascicule, immédiatement avant la Table des Matières.

Les numéros en caractères gras, figurant entre crochets dans le courant du texte, renvoient à cette Bibliographie.

APPROXIMATIONS SUCCESSIVES

ET

ÉQUATIONS DIFFÉRENTIELLES

Par M. Émile COTTON,

Professeur à la Faculté des Sciences de Grenoble.

Introduction. — Depuis une trentaine d'années, on a fait usage dans diverses questions d'Analyse des méthodes d'approximations successives dont les travaux de M. Picard ont montré la puissance et la souplesse. Dans la théorie des équations différentielles, on peut établir de cette façon des résultats importants avec des hypothèses très larges; plusieurs de ces démonstrations figurent dans les Traités classiques. Mais les conditions aux limites assez diverses des problèmes concernant ces équations ont fait apporter à la méthode initiale de M. Picard des retouches profondes amenant dans chaque cas particulier à reprendre la formation des approximations successives et l'étude de leur convergence.

Ces questions se trouvent dans le présent article rattachées à une théorie générale (nos 6 à 12) concernant la transformation du système d'équations différentielles en un système d'équations intégrales et l'existence des solutions de ce dernier système. Il comporte des noyaux [égaux à zéro ou à l'unité dans les cas les plus connus rappelés au début (nos 1 à 5)]; il peut être à limites fixes (type Fredholm) ou variables (type Volterra), mais ses équations ne sont généralement pas linéaires par rapport aux fonctions inconnues. Le théorème d'existence peut être applicable alors même que le domaine d'intégration s'étend à l'infini ou que sa frontière contient un point singulier; circonstances qui se présentent dans quelques-unes des applications données à la fin (nos 13 à 16).

Il n'est question dans les pages suivantes que d'éléments réels; on verra dans plusieurs des travaux cités l'extension de quelques résultats au domaine complexe.

1. Formation et convergence des approximations successives. — Nous supposons connue la forme habituelle de la méthode des approximations successives de M. Picard, qui est exposée dans les Traités d'Analyse [9; 19, c]. On en reconnaîtra cependant les points essentiels dans ce premier paragraphe, où sont présentées, en vue des applications ultérieures, quelques modifications apportées à l'énoncé classique; elles portent sur l'énoncé des hypothèses fondamentales, et sur l'emploi, comme premières approximations, de fonctions quelconques à la place des valeurs initiales.

Soit le système d'équations différentielles

$$\text{(1)} \qquad \frac{dx_i}{dt} = f_i(t;\, x_1,\, x_2,\, \ldots,\, x_n) \qquad (i = 1, 2, \ldots, n).$$

Le problème classique, depuis les travaux de Cauchy, est la recherche de n fonctions continues $x_1(t), \ldots, x_n(t)$ vérifiant (1) et prenant des valeurs données $a_1, \ldots, a_n$ (valeurs initiales) quand on attribue à la variable t une valeur déterminée, t_0; (on peut supposer comme nous le ferons en général $t_0 = 0$). Il revient à l'étude du système d'équations intégrales

$$\text{(2)} \qquad x_i(t) = a_i + \int_{t_0}^{t} f_i[\alpha;\, x_1(\alpha),\, \ldots,\, x_n(\alpha)]\, d\alpha.$$

Supposons données n fonctions de t : $y_1(t), \ldots, y_n(t)$ que nous appellerons *solutions approchées* (1) du système (1); elles sont définies dans l'intervalle

$$\text{(I)} \qquad t_0 \leqq t \leqq t_0 + h,$$

y sont continues et admettent des dérivées elles-mêmes continues, sauf peut-être pour des valeurs isolées de t; pour ces valeurs exceptionnelles, chaque fonction $y(t)$ admet une dérivée à droite et une dérivée à gauche.

(1) Dans plusieurs applications, ces fonctions $y_i(t)$ sont les solutions d'un système différentiel dont l'intégration peut être effectuée; ce second système étant analogue à (1), les seconds membres de ses équations étant voisins des fonctions f_i.

Désignons par α_i des nombres dominant les différences $a_i - y_i(t_0)$ (que nous appellerons erreurs sur les données initiales), et par β_i des nombres dominant les différences $\frac{dy_i}{dt} - f_i(t;\ y_1,\ \ldots,\ y_n)$ (erreurs sur les équations); c'est-à-dire que

$$(3)\qquad \alpha_i \geqq |a_i - y_i(t_0)|, \qquad \beta_i \geqq \left|\frac{dy_i}{dt} - f_i(t; y_1, \ldots, y_n)\right| \qquad (i = 1, 2, \ldots, n).$$

On admet que les fonctions $f_i(t; x_1, \ldots x_n)$ sont finies, continues par rapport à t sauf peut-être pour des valeurs isolées de t, et satisfont à des conditions de Lipschitz :

$$(4)\qquad \begin{aligned} &|f_i(t; x'_1, \ldots, x'_n) - f_i(t; x_1, \ldots, x_n)| \\ &\qquad \leqq b_{i1}|x'_1 - x_1| + \ldots + b_{in}|x'_n - x_n| \qquad (i = 1, 2, \ldots, n), \end{aligned}$$

on pose enfin

$$(5)\qquad m_i \geqq \left|\frac{dy_i}{dt} - f_i(t; x_1, \ldots, x_n)\right|.$$

Ces hypothèses, et notamment les inégalités (4) et (5), sont valables dans un domaine D de la multiplicité à $n + 1$ dimensions $t, x_1, \ldots, x_n$ entourant la courbe intégrale approchée ou *caractéristique approchée* $x_1 = y_1(t), \ldots, x_n = y_n(t)$. Bien souvent on définit D comme une *gaine* entourant cette courbe, c'est-à-dire par des inégalités

$$(6)\qquad |x_i - y_i(t)| < \varepsilon_i, \qquad t_0 < t < t_0 + h \qquad (i = 1, 2, \ldots, n).$$

L'emploi de ces locutions géométriques est commode dans la suite.

Tous les systèmes d'équations intégrales que nous étudierons ici ont [comme le système (2)] pour premiers membres les fonctions inconnues $x_i(t)$ elles-mêmes; les intégrales qui entrent dans les seconds membres portent sur des fonctions construites avec ces mêmes fonctions inconnues. *Pour ces systèmes le mode de formation des approximations successives sera le suivant* : on se donne les premières approximations $y_1^1(t), \ldots, y_n^1(t)$, on en déduit les autres de proche en proche : les approximations de rang p, $y_1^p(t), \ldots, y_n^p(t)$, se calculent en portant les approximations précédentes $y_1^{p-1}(\alpha), \ldots, y_n^{p-1}(\alpha)$ à la place de $x_1(\alpha), \ldots, x_n(\alpha)$ dans les seconds membres des équations intégrales. A ces relations on peut pour $p > 2$ substituer celles obtenues par soustraction et donnant les accroissements successifs $\Delta y_i^{p-1} = y_i^p - y_i^{p-1}$ en partant des approximations y_i^{p-1} et y_i^{p-2}. Nous prenons pour (2) les premières approximations $y_i^1(t)$ respectivement égales aux solutions approchées $y_i(t)$; les relations définissant les approximations successives sont

$$(7)\qquad y_i^p(t) = a_i + \int_{t_0}^{t} f_i[\alpha; y_1^{p-1}(\alpha), \ldots, y_n^{p-1}(\alpha)]\, d\alpha$$

et les équations donnant les différences

$$(8)\qquad \Delta y_i^{p-1} = \int_{t_0}^{t} \left\{ \begin{array}{l} f_i[\alpha; y_1^{p-1}(\alpha), \ldots, y_n^{p-1}(\alpha)] \\ -f_i[\alpha; y_1^{p-2}(\alpha), \ldots, y_n^{p-2}(\alpha)] \end{array} \right\} d\alpha.$$

Pour l'étude de ces approximations deux méthodes ont été données. L'une consiste à établir avec M. Picard [19, *a*] que les approximations sont bien définies en utilisant les inégalités (5) et à montrer ainsi que t restant dans un intervalle J (*voir* plus loin sa définition) les approximations $y_i^p(t)$ tendent, quand p devient infini, vers des limites $x_i(t)$ vérifiant les équations (1) et (2). Pour cela on établit que, pour $t > t_0$, les différences successives Δy_i^{p-1} sont dominées par les différences Δz_i^{p-1} des approximations de même rang formées en partant du système différentiel linéaire (à coefficients réels et positifs)

$$(9)\qquad \frac{dz_i}{dt} = b_{i1} z_1 + \ldots + b_{in} z_n + \beta_i \qquad (i = 1, 2, \ldots, n)$$

ou plutôt du système d'équations intégrales correspondant

$$(10)\qquad z_i(t) = \eta_i + \int_{t_0}^{t} [b_{i1} z_1(\alpha) + \ldots + b_{in} z_n(\alpha) + \beta_i]\, d\alpha$$

et en prenant les premières approximations $z_i^1(t)$ toutes nulles. On a

$$(11)\qquad \Delta z_i^{p-1}(t) = \int_{t_0}^{t} [b_{i1} \Delta z_1^{p-2}(\alpha) + \ldots + b_{in} \Delta z_n^{p-2}(\alpha)]\, d\alpha.$$

Les inégalités $\Delta z_i^p > |\Delta y_i^p|$ se démontrent directement pour $p = 1$, puis de proche en proche par comparaison de (8) et (11) pour $p > 1$. La convergence des $z_i^p(t) = \sum_{r=1}^{p-1} \Delta z_i^r$ vers des limites $z_i(t) = \psi_i(t)$, quand p devient défini, s'établit sans difficulté, et entraîne la convergence uniforme des séries $x_i(t) = y_i(t) + \sum_p \Delta y_i^p(t)$; sans insister sur le raisonnement, énonçons le résultat auquel il conduit [3, a].

(A). *Soit* h_1 *un nombre positif au plus égal à* h *tel que les points* $t, x_1, \ldots, x_n$ *dont les coordonnées vérifient les inégalités*

$$(G_1)\qquad \begin{cases} t_0 \leqq t \leqq t_0 + h_1, & x_i - y_i(t) \leqq \varphi_i(t) = \eta_i + m_i(t - t_0) \\ & (i = 1, 2, \ldots, n) \end{cases}$$

soient tous intérieurs au domaine D; *dans l'intervalle*

$$(J_1)\qquad t_0 \leqq t \leqq t_0 + h_1,$$

les solutions exactes cherchées $x_i(t)$ *des équations* (1) *ou* (2) *existent, sont les limites des approximations précédemment formées et les erreurs* $x_i(t) - y_i(t)$, *que comportent les solutions approchées, sont dominées dans cet intervalle par les fonctions* $\varphi_i(t) = \eta_i + m_i(t - t_0)$. Par exemple, si D est la gaine (6) on prend h_1 égal au plus petit des nombres h et $\frac{\varepsilon_i - \eta_i}{m_i}$.

L'intervalle de convergence (J_1) est analogue à celui de M. Picard perfectionné par MM. Lindelöf et Bendixson pour le cas classique des approximations successives [16, 9, 19].

Une seconde méthode consiste à mener de front, comme l'a fait M. Lindelöf, l'étude de l'existence des approximations et celle de leur convergence. *On définit un intervalle aussi étendu que possible*

$$(J_2)\qquad t_0 \leqq t \leqq t_0 + h_2$$

par la condition que la gaine

$$(G_2)\qquad t_0 \leqq t \leqq t_0 + h_2, \qquad x_i - y_i(t) \leqq \psi_i(t) \quad (i = 1, 2, \ldots, n)$$

soit intérieure à D; les fonctions $\psi_i(t)$ sont, comme plus haut, les solutions du système linéaire (9) telles que $\psi_i(t_0) = \eta_i$.

On arrive ainsi [3, a] à une *proposition* (B) dont l'énoncé se déduit de (A) en y remplaçant l'intervalle (J_1) par l'intervalle (J_2) et les limites supérieures des erreurs $\varphi_i(t)$ par les fonctions $\psi_i(t)$. L'intervalle (J_2) correspond à une seconde expression de l'intervalle de convergence pour le cas classique, donnée par M. Lindelöf [16].

La proposition (A) et l'intervalle (J_1) [dont la détermination est plus aisée que celle de (J_2)] sont suffisants en général; il est cependant des cas où c'est la proposition (B) qu'il est commode d'utiliser (*voir* n° 3).

Lorsque les seconds membres $f_1, \ldots, f_n$ et les premières approximations $y_1(t), \ldots, y_n(t)$ sont fonctions analytiques des variables dont elles dépendent, les approximations successives et leurs limites sont fonctions analytiques de t. L'intervalle d'existence de telles solutions auquel on parvient quand on prend pour premières approximations les valeurs initiales elles-mêmes est supérieur à celui que donne la méthode des fonctions majorantes, ainsi que l'a démontré M. Pérès [18].

2. Solutions considérées comme fonctions des données initiales ou de certains paramètres. — Si l'on prend comme valeurs approchées des solutions de (1) mais ne satisfaisant pas aux conditions initiales $\beta_1 = \ldots = \beta_n = 0$, les fonctions $\psi(t)$ tendent alors vers zéro en même temps que les nombres η; c'est dire que *les intégrales $x(t)$ d'un sytème différentiel sont fonctions continues des valeurs initiales a.*

On peut plus généralement considérer les intégrales comme fonctions non seulement de t, mais aussi de paramètres $\mu_1, \ldots, \mu_p$, quand les seconds membres f de (1) dépendent de ces paramètres. Si les f sont fonctions analytiques des variables t, x, μ, les solutions de (1) sont aussi fonctions analytiques des paramètres et des données initiales. Cette proposition est due à H. Poincaré, qui l'a établie par la méthode des séries majorantes; MM. Picard, Lindelöf en ont donné d'autres démonstrations utilisant la méthode des approximations successives, et qui figurent dans les traités classiques [19, *c*, t. III, Chap. VIII; 9, t. III, Chap. XXIII].

On a démontré par cette même méthode un théorème un peu plus général, qui peut être souvent utilisé à la place du précédent, établissant l'existence pour les solutions $x_1, \ldots, x_n$ de dérivées jusqu'à un certain ordre N par rapport aux paramètres μ et aux donnés initiales a, en admettant seulement l'existence de certaines dérivées pour les fonctions f [9, t. III, Chap. XXIII; 3, *c*].

Il y a toujours, comme le dit M. Picard, « un certain intérêt philosophique » à réduire au minimum les hypothèses sur lesquelles repose une proposition; on peut signaler aussi l'utilité de ces extensions : des problèmes physiques conduisent à des systèmes différentiels où les hypothèses élargies sont les seules valables. Tel est, par exemple, celui des équations d'Hydrodynamique permettant de passer des variables d'Euler à celles de Lagrange, lorsqu'il existe des ondes de discontinuité, telles que celles étudiées par Hugoniot et M. Hadamard.

3. Sur l'estimation des erreurs dans l'intégration approchée. Applications à la méthode de Cauchy-Lipschitz. — La théorie des erreurs donne, pour les calculs numériques, la solution de deux problèmes : 1° estimer l'approximation du résultat d'un calcul quand on substitue aux nombres et aux opérations exacts des nombres et des opérations approchés; 2° on veut obtenir un résultat avec une approximation fixée à l'avance, avec quelles approximations suffit-il de connaître les données et d'effectuer les opérations?

Deux questions analogues, et dont l'importance est manifeste, se posent aussi pour les équations différentielles :

A la première : « Sachant que des fonctions satisfont à peu près aux conditions initiales et aux équations différentielles données, estimer les erreurs que ces fonctions présentent par rapport aux solutions exactes », le n° 1 apporte une réponse, que nous perfectionnerons encore (n° 9).

Voici la seconde question : « Trouver des conditions suffisantes pour que des solutions approchées d'un système différentiel (1) ne présentent par rapport aux solutions exactes que des erreurs inférieures à des nombres donnés. »

Soient $X_1(t), \ldots, X_n(t)$ le système de solutions exactes de (1), qu'on admet exister, et (D) une gaine analogue à (6) construite en partant non des fonctions $y_i(t)$ mais bien des solutions $X_i(t)$ avec des nombres ε_i qu'on se donne; on admet que les fonctions $f(t; x_1, \ldots, x_n)$ satisfont dans cette gaine à des conditions de continuité et à des inégalités de Lipschitz analogues aux précédentes. Appelons $y_i(t)$ les fonctions constituant le système des solutions approchées, construisons avec M. Severini [21] le système

$$(12)\qquad \begin{aligned} \frac{dY_i}{dt} &= F_i(t; Y_1, \ldots, Y_n) \\ &= f_i(t; Y_1, \ldots, Y_n) + \frac{dy_i}{dt} - f_i(t; y_1, \ldots, y_n). \end{aligned}$$

Celui-ci admet les $y_i(t)$ comme solutions exactes, les $X_i(t)$ comme solutions approchées, on peut lui appliquer les résultats antérieurs (n° 1) et obtenir ainsi des inégalités [3, a, n° 7] que nous n'écrirons pas, mais qui se résument en ces mots : *Pour que des fonctions ne présentent par rapport aux solutions exactes d'un système différentiel que des erreurs dominées par des nombres donnés, il suffit qu'elles soient assez près de satisfaire aux équations de ce système et aux données initiales.*

Une méthode bien connue, celle de Cauchy-Lipschitz, donne un moyen de construire de telles solutions approchées. Elle consiste, on le sait, à diviser l'intervalle I en intervalles partiels, et à remplacer dans chacun d'eux les f_i par des valeurs constantes. Si cette subdivision est convenablement faite, la proposition précédente montre que les fonctions $y_i(t)$ ainsi construites sont aussi voisines qu'on le veut des solutions exactes.

La propriété fondamentale de la méthode de Cauchy-Lipschitz, celle de fournir une approximation uniforme des intégrales dans leur domaine d'existence et de régularité, bien mise en évidence par MM. Picard [19, c, t. II, Chap. XI] et Painlevé, se trouve ainsi rattachée [3, a] à l'idée plus générale énoncée plus haut, idée qui nous guidera encore dans l'étude des solutions asymptotiques et dans celles des caractéristiques aboutissant à un point singulier.

MM. Painlevé et Picard ont déduit de la méthode de Cauchy-Lipschitz des développements en séries de polynomes pour les solutions du système différentiel proposé. M. Severini [21] a obtenu des développements de même nature par une méthode d'approximations successives un peu différente de celle de M. Picard : Aux fonctions f_i il substitue pour le calcul de $y_i^p(t)$ par les formules (7) des fonctions $\varphi_i^p(t; y_1, \dots, y_n)$ dépendant du rang p, et tendant uniformément vers les premières lorsque p devient infini ; les fonctions φ_i^p dont il fait usage sont des polynomes convenablement choisis.

Nous reviendrons plus loin (n° 12) sur des questions de cette nature.

4. Extension des résultats antérieurs. — La précision des renseignements que les solutions approchées donnent sur les solutions exactes (n° 1) croît lorsque les erreurs sur les équations et les valeurs initiales étant estimées d'une façon plus étroite, on substitue aux nombres β et η des nombres plus petits. Il est utile également de prendre les coefficients b_{ik} des inégalités de Lipschitz aussi petits que possible.

Il est facile de voir [3. a, b] que les résultats restent valables si l'on suppose que les inégalités (3), (4), (5) dépendent de t, c'est-à-dire que les lettres β, b, m désignent des fonctions positives de t. On prend alors

$$\varphi_i(t) = \eta_i - \int_{t_0}^{t} m(\alpha)\, d\alpha, \tag{13}$$

et les fonctions $\psi_i(t)$ se déterminant par intégration d'un système d'équations différentielles linéaires à coefficients variables.

On peut même admettre, et cette remarque est importante pour la suite, que ces fonctions $\beta(t)$, $b(t)$, $m(t)$ deviennent infinies pour $t = t_0$ pourvu que les termes (11) des séries de comparaison et les fonctions φ_i et ψ_i soient finis. Soit, par exemple, l'équation unique

$$\frac{dx}{dt} = f(t;\, x); \tag{14}$$

on cherche une caractéristique aboutissant au point $P(t_0 = a,\, x_0 = b)$ du côté $t > a$ (a et b remplaceront pour la fin de ce numéro t_0 et a_1). On veut utiliser une solution approchée $y(t)$ telle que $y(a) = b$; on considère le coefficient de Lipschitz de f, soit $B(t) = b_{11}(t)$, et des fonctions

$$\gamma(t) > \left|\frac{dy}{dt} - f(t;\, y)\right|, \qquad m(t) > \left|\frac{dy}{dt} - f(t;\, x)\right| \qquad [m(t) \geqq \gamma(t)],$$

$$\varphi(t) = \int_a^t m(\alpha)\, d\alpha, \qquad \psi(t) = \int_a^t \gamma(\alpha)\, e^{\int_\alpha^t B(\beta)\, d\beta}\, d\alpha.$$

Si les intégrales Δz^i qui dominent les différences Δy^i sont bien définies, ainsi que les fonctions φ, ψ ou tout au moins la fonction ψ, et si de plus l'une des gaines

$$(G_1) \qquad a < t < a - h_1, \qquad |x - y(t)| < \varphi(t),$$

$$(G_2) \qquad a < t < a + h_2, \qquad |x - y(t)| < \psi(t)$$

est intérieure à D au voisinage de P, il existe une solution unique correspondant à une caractéristique aboutissant en P et intérieure à cette gaine.

Ces remarques s'appliquent à l'étude de certaines *conditions ini-*

tiales singulières, c'est-à-dire telles que les hypothèses classiques cessent d'être remplies. Pour ces singularités, la délimitation du domaine D est importante, l'étude des fonctions de plusieurs variables au voisinage d'un zéro, d'un infini, d'un point d'indétermination présentant des difficultés qui ne se rencontrent pas dans le cas d'une seule variable (réelle) où les notions d'infiniment petit principal et d'ordre infinitésimal simplifient en général cette étude. On sera souvent conduit à subdiviser le domaine primitif D en domaines partiels D′ dont les frontières ont en commun le point P correspondant à ces données singulières.

Dans le cas d'une seule équation (14), ces domaines D′ ont souvent la forme d'*onglets;* nous appellerons ainsi la partie du plan t, x comprise d'une part entre deux courbes passant par P $x-b=\varphi(t)$, $x-b=\Phi(t)$, $\varphi(a)=\Phi(a)=0$, et d'autre part entre les droites $t=a$, $t=a+h$, h étant voisin de zéro. On peut, en changeant au besoin la variable t, supposer $h>0$. La différence $\Phi-\varphi$ est censée positive dans l'intervalle a, $a+h$.

Soient $f(t;x)$ et $g(t)$ deux fonctions dépendant l'une des deux variables t, x, l'autre de t seul; admettons que ces fonctions tendent vers zéro ou vers l'infini quand le point t, x se rapproche en restant dans un onglet du sommet P de l'onglet; si de plus le quotient $\frac{f(t,x)}{g(t)}$ reste compris entre deux bornes de même signe, nous dirons que les fonctions sont *du même ordre dans l'onglet.* Si $g(t)=t^p$, $f(t,x)$ sera dit d'ordre p dans l'onglet. [Voir *Annales de l'École Normale*, 3e série, t. XXX, p. 528.]

Supposons que, dans un onglet Ω de sommet P (a, b), le second membre de (14) reste compris entre deux fonctions $f_1(t)$, $f_2(t)$ de même signe; si les intégrales $F_1(t)=\int_a^t f_1(x)dx$, $F_2(t)=\int_a^t f_2(x)dx$ sont infinies ou si ces intégrales ayant un sens l'onglet $F_1(t)<x<F_2(t)$ n'a aucun point commun avec Ω, on peut affirmer qu'il n'existe pas dans Ω de caractéristique aboutissant en P.

5. Solutions singulières. — Nous donnerons un seul exemple; il concerne la question classique des solutions singulières. La méthode des approximations successives étend les conditions de validité des théorèmes connus à leur sujet; elle a été appliquée à cette question par

M. Zaremba [22]. Les indications suivantes permettent d'élargir encore ses hypothèses et d'abréger ses démonstrations.

Soit l'équation différentielle

$$F\left(t, x, \frac{dx}{dt}\right) = 0, \tag{15}$$

la fonction $F(t, x, u)$ étant définie et continue dans un certain domaine S entourant le point $t = a$, $x = b$, $u = c$; et admettent dans ce domaine des dérivées d'ordre un et deux, elles-mêmes continues; on suppose

$$F(a, b, c) = 0, \quad F'_u(a, b, c) = 0, \quad F'_x(a, b, c) \neq 0, \quad F''_{u^2}(a, b, c) \neq 0. \tag{16}$$

Les deux équations

$$F(t, x, u) = 0, \qquad F'_u(t, x, u) = 0 \tag{17}$$

définissent deux fonctions implicites $x_0(t)$, $u_0(t)$ telles que $x_0(a) = b$, $u_0(a) = c$. Soit Γ la courbe $x = x_0(t)$; Γ est le lieu des points du plan t, x où l'équation (15) en $\frac{dx}{dt}$ admet une racine double.

On peut établir [3, *f*] que pour les points M de coordonnées t, x d'une petite région $\mathcal{R}$ admettant comme courbe frontière un arc de la courbe Γ sur lequel se trouve le point P de coordonnées a, b, l'équation (15) conduit à deux équations différentielles

$$\frac{dx}{dt} = u_1(t; x), \tag{18}$$

$$\frac{dx}{dt} = u_2(t; x), \tag{19}$$

dont les seconds membres sont voisins de c; de plus $u_1 > c > u_2$. Les fonctions u_1, u_2 sont continues dans ce domaine $\mathcal{R}$ et sur sa frontière Γ (où elles deviennent égales); les dérivées qui correspondent aux coefficients de Lipschitz $\frac{\partial u_1}{\partial x}$, $\frac{\partial u_2}{\partial x}$ sont finies à l'intérieur du domaine mais deviennent infinies sur Γ.

Par tout point intérieur à $\mathcal{R}$ passent deux caractéristiques C_1, C_2 de l'équation (15) vérifiant respectivement (18) et (19).

Cherchons s'il existe des caractéristiques C_1^P, C_2^P aboutissant en P. *Nous admettrons d'abord que c est distinct de la pente de* Γ *en* P, ce qui revient à supposer

$$cF'_x(a, b, c) + F'_t(a, b, c) \neq 0. \tag{20}$$

S'il existe une caractéristique C_1, passant en P, elle est au voisinage de P intérieure au triangle D dont les côtés sont

$$x-b=(c-\gamma)(t-a), \qquad x-b=(c+\gamma)(t-a), \qquad t=a+\varepsilon h.$$

On choisit le signe de $\varepsilon=\pm 1$ et l'on prend les nombres positifs γ et h assez petits pour que le triangle D soit intérieur à $\mathcal{R}$.

On démontre que, dans D, la dérivée $\frac{\partial u_1}{\partial x}$ est de l'ordre de $\frac{1}{\sqrt{\varepsilon(t-a)}}$; le coefficient de Lipschitz $B(t)$ correspondant à (18) dérive donc d'une fonction primitive finie. Prenons comme première approximation

$$y=b+c(t-a),$$

$\gamma(t)$ est fini, la série de comparaison est à termes finis et convergente.

La fonction $m(t)$ qui domine dans D l'expression

$$\frac{dy}{dt}-u_1(t;x)=c-u_0(t)+u_0(t)-u_1(t;x)$$

peut (*voir* [3, *f*] n° 3) être prise infiniment petite d'ordre $\frac{1}{2}$ en $t-a$, la fonction $\varphi(t)$ correspondante (n° 4) est d'ordre $\frac{3}{2}$ et la gaine

$$y-\varphi<x<y+\varphi$$

est au voisinage de P intérieure à D. L'équation (18) admet bien une caractéristique et une seule aboutissant en P. Il en est de même pour (19); ces deux caractéristiques C_1^P C_2^P aboutissent en P de part et d'autre de la tangente commune et figurent par leur ensemble une caractéristique de (15) admettant un rebroussement en P. Par suite, quand la courbe Γ, lieu des points P où l'équation (15) admet une racine double n'est pas caractéristique de l'équation différentielle, elle est un lieu des points de rebroussement des caractéristiques.

Supposons maintenant que Γ *soit une caractéristique*, l'expression (20) est nulle, et, de plus, on a

$$(21)\qquad u_0(t)\,F'_x[t,\,x_0(t),\,u_0(t)]+F'_t[t,\,x_0(t),\,u_0(t)]=0$$

en tous les points de Γ.

La construction des onglets pris comme domaines D fait intervenir une expression $x''(a, b)$ limite commune [3, *f*, n° 4] de

$$\frac{du_1}{dt} = x''_1(t, x) = \frac{\partial u_1}{\partial t} - u_1 \frac{\partial u_1}{\partial x} \quad \text{et de} \quad x''_2(t, x) = \frac{\partial u_2}{\partial t} - u_2 \frac{\partial u_2}{\partial x},$$

lorsque le point t, x tend vers le point $P(a, b)$, et la valeur $x''_0(a)$ de la dérivée seconde de $x_0(t)$ au point P; on a $x''_0(a) \neq x''(a, b)$.

S'il existe une caractéristique C_1 passant en P, l'application de la formule de Taylor à la fonction $x(t)$ correspondante et à sa dérivée montre que C_1 doit être au voisinage de P intérieure à la région $\mathcal{D}$ balayée par les paraboles

$$(22) \qquad x = b - c(t - a) - \frac{x''(a, b) - l}{2}(t - a)^2,$$

lorsque l varie entre $-\lambda$ et $+\lambda$, λ étant positif et assez petit pour que $x''_0(a)$ soit extérieur à l'intervalle $x''(a, b) - \lambda$, $x''(a, b) + \lambda$. Une étude plus complète [3, *f*, n° 5] montre que cette caractéristique ne peut être située que dans l'onglet D formé par la partie de $\mathcal{D}$ pour laquelle le produit $(t - a)[x''(a, b) - x''_0(a)] > 0$; supposons pour fixer les idées que cette inégalité revienne à $t - a > 0$. Dans cet onglet, dont les frontières paraboliques sont tangentes à Γ, $\frac{\partial u_1}{\partial x}$ n'est pas comparable à $\frac{1}{\sqrt{t-a}}$ mais à $\frac{1}{t-a}$; d'une façon précise, on peut prendre le coefficient de Lipschitz $B(t) = \frac{A}{t-a}$, A étant, de plus, voisin de l'unité.

Prenons comme solution approchée

$$y = b - c(t - a) - \frac{x''(a, b)}{2}(t - a)^2.$$

On démontre [3, *f*, n° 5] que $\dfrac{\frac{dy}{dt} - u_1(t, y)}{t - a}$ est encore infiniment petit; il est dominé au voisinage de $t - a$ par une constante μ qu'on peut prendre aussi voisine de zéro qu'on voudra en restreignant l'intervalle de variation de t. L'existence des approximations s'établit aisément; l'estimation de l'erreur faite par la seconde méthode conduit à $\psi(t) = \frac{\mu}{2 - A}(t - a)^2$ et, d'après ce qui vient d'être dit sur μ, on peut en disposer de façon que la condition (G_2) intérieure à D du n° 4 soit satisfaite. Il y a donc une caractéristique C_1 et une seule aboutissant en P et intérieure à l'onglet D.

Dans l'autre onglet D', correspondant à $t-a<0$, il existe de même une caractéristique C_2 de l'équation (19); par leur ensemble, C_1 et C_2 donnent une courbe (C) tangente à T, et l'on a le résultat connu : Quand la condition (21) est vérifiée en tous les points de Γ, cette courbe Γ est une caractéristique singulière et une enveloppe des caractéristiques régulières de l'équation (15).

6. **Équations intégrales non linéaires, du type Volterra associées à un système différentiel.** — Le système (9) qui nous a servi à déterminer les fonctions $\psi_i(t)$ dominant les erreurs que comportent les solutions approchées $y_i(t)$ du système (1) présente, par la forme linéaire de ses équations et la grandeur de leurs coefficients, une certaine analogie avec les systèmes linéaires introduits par Darboux (système auxiliaire) et Poincaré (équations aux variations) pour l'étude des solutions d'un système (1) voisines d'une solution donnée. Mais les coefficients du système (9) sont essentiellement positifs, alors que les signes des coefficients des équations aux variations peuvent être quelconques; et l'on comprend ainsi que la proposition n° 3 appliquée à l'étude de certaines approximations classiques donne des résultats qui, suivant les cas, sont satisfaisants ou inutilisables.

On arrive à tenir compte des signes des dérivées correspondant aux coefficients de Lipschitz, en transformant le système différentiel (1) en un système d'équations intégrales différant de celui que nous avons utilisé jusqu'ici [3, *d*].

On donne, pour cela, la forme suivante au système (1) :

$$(23)\quad \frac{dx_i}{dt} - A_{i1}x_1 - \ldots - A_{in}x_n = F_i(t;\, x_1,\, x_2,\, \ldots,\, x_n) \qquad (i=1, 2, \ldots, n),$$

les A désignent des fonctions de t, et les dérivées du premier ordre des fonctions F par rapport aux variables x (dont nous admettons désormais l'existence pour simplifier les énoncés) sont supposées petites au voisinage de la caractéristique approchée.

Le système (1) se présente naturellement sous cette forme quand les solutions approchées sont obtenues comme il arrive souvent en Mécanique (petits mouvements, oscillations autour d'un mouvement stable) en intégrant le système obtenu en limitant les seconds membres des équations (1) aux parties linéaires de leurs développements en séries entières. Dans les autres cas, on prend les coefficients $A_{ij}(t)$ voisins des fonctions de t obtenues en substituant les solutions approchées $y_1(t), \ldots, y_n(t)$ dans les dérivées $\frac{\partial f_i(t; x_1, \ldots, x_n)}{\partial x_j}$ supposées continues.

Une méthode d'intégration des systèmes différentiels linéaires non homogènes

$$\frac{dx_i}{dt} - A_{i1}x_1 - \ldots - A_{in}x_n = B_i(t), \tag{24}$$

utilisant la solution générale du système homogène correspondant

$$\frac{dx_i}{dt} - A_{i1}x_1 - \ldots - A_{in}x_n = 0, \tag{25}$$

ramène alors la recherche des solutions du système (23) correspondant aux conditions initiales $x_i(t_0) = a_i$ du n° 1 à l'étude du système d'équations intégrales

$$\left\{\begin{array}{l} x_i(t) = D_i(t) + \displaystyle\int_{t_0}^{t} \sum_{j=1}^{n} K_{ij}(t, \alpha) F_j[\alpha; x_1(\alpha), \ldots, x_n(\alpha)]\, d\alpha; \\ \qquad (i = 1, 2, \ldots, n); \end{array}\right. \tag{26}$$

$D_1(t), \ldots, D_n(t)$ constituent la solution de (25) déterminée par les mêmes conditions initiales que la solution cherchée, c'est-à-dire que $D_i(t_0) = a_i$. Les noyaux $K_{ij}(t, \alpha)$ se déterminent de la façon suivante : $K_{1j}(t, \alpha), \ldots, K_{nj}(t, \alpha)$ constituent la solution de (25) telle que $K_{jj}(\alpha, \alpha) = 1$ et $K_{ij}(\alpha, \alpha) = 0$ pour $i \neq j$.

Voici d'ailleurs une expression de ces noyaux. Soient

$$x_1 = \zeta_{1i}(t), \quad \ldots, \quad x_n = \zeta_{ni}(t) \quad (i = 1, 2, \ldots, n),$$

n solutions indépendantes du système (25), $\Delta(t)$ le déterminant formé avec les éléments ζ_{ij}, A_{ij} les mineurs qui correspondent à ces éléments, on a

$$K_{ij}(t, \alpha) = \sum_{p=1}^{n} \zeta_{ip}(t) \frac{A_{jp}(\alpha)}{\Delta(\alpha)}. \tag{27}$$

Les équations intégrales (26) ainsi formées sont à limites variables comme celles de Volterra, mais en diffèrent en ce que les facteurs des noyaux ne sont pas en général linéaires par rapport aux fonctions inconnues. Ils présentent cependant cette forme linéaire et les équations (26) sont du type Volterra proprement dit lorsque, les F étant du premier degré en $x_1, \ldots, x_n$, on transforme, suivant le procédé indiqué, un système différentiel (23) linéaire. Ce cas particulier a reçu des applications intéressantes, ainsi qu'on le verra plus loin (nº 15).

7. Méthode de Dini. — A ce propos nous mentionnerons une méthode importante, due à Dini [5], pour passer d'une équation différentielle (linéaire ou non) d'ordre n à une équation intégrale du type Volterra (ou du type généralisé). Dini n'a pas, il est vrai, écrit les mots « équation intégrale » et ne cite aucun travail à ce sujet; il a donc, de son côté, édifié pour l'application qu'il avait en vue, une théorie des équations de Volterra linéaires. (Ce sont les seules qu'il ait étudiées.)

Indiquons brièvement comment la transformation de Dini peut se rattacher à celle que nous avons exposée.

Soit l'équation linéaire

$$\mathcal{F}_t(x) = B(t). \tag{28}$$

$\mathcal{F}_t(x)$ est une forme linéaire par rapport à $x(t)$ et ses n premières dérivées, les coefficients de cette forme dépendent encore de t. En utilisant l'expression $-\mathcal{G}_t(z)$ adjointe de Lagrange de $\mathcal{F}_t(x)$, et n fonctions $z_1(t), \ldots, z_n(t)$ linéairement indépendantes qu'il se donne arbitrairement, Dini transforme (28) en une équation de Volterra que nous écrirons

$$x(t) = \int_{t_0}^{t} \left\{ \sum_{i=1}^{n} y_i(t)\, \mathcal{G}_\alpha[z_i(\alpha)] \right\} x(\alpha)\, d\alpha + \theta(t); \tag{29}$$

$y_1(t), \ldots, y_n(t)$ sont les fonctions adjointes de $z_1(t), \ldots, z_n(t)$ au sens de Darboux [4, t. II, Chap. V], le coefficient $\lambda_n(t)$ intervenant dans leur définition étant pris égal à celui de $\frac{d^n x}{dt^n}$ dans $\mathcal{F}_t(x)$; t_0 est une constante, $\theta(t)$ une certaine fonction de t dont il est inutile d'écrire l'expression.

Soit d'autre part $\Phi_t(x)$ le premier membre de l'équation linéaire admettant pour solutions $y_1(t), \ldots, y_n(t)$ et $\lambda_n(t)$ comme coefficient de $\frac{d^n x}{dt^n}$; appelons $-\Gamma_t(z)$ son expression adjointe. Posons

$$(30)\qquad \mathcal{F}_t(x) = \Phi_t(x) - \varphi_t(x), \qquad \mathcal{G}_t(z) = \Gamma_t(z) - g_t(z);$$

$\varphi_t(x)$ et $g_t(z)$ sont des expressions adjointes, mais ne contenant que des dérivées d'ordre inférieur à n. L'équation de Dini s'écrit encore

$$(31)\qquad x(t) = \int_{t_0}^{t} \left\{ \sum_{i=1}^{n} y_i(t)\, g_\alpha[z_i(\alpha)] \right\} x(\alpha)\, d\alpha - \theta(t),$$

puisque, comme on sait, les expressions $\Gamma_t(z_i)$ sont nulles.

Maintenant, donnons à (28) la forme

$$(32)\qquad \Phi_t(x) = \varphi_t(x) - B(t);$$

cette équation linéaire du $n^{\text{ième}}$ ordre équivaut à n équations du premier ordre que la méthode donnée plus haut transforme en un système d'équations intégrales. Celle relative à $x(t)$ est

$$(33)\qquad x(t) = \int_{t_0}^{t} \left\{ \sum_{i=1}^{n} y_i(t)\, z_i(\alpha) \right\} \varphi_\alpha[x(\alpha)]\, d\alpha + \theta_1(t),$$

les autres s'en déduisent en dérivant. On ramène (33) à l'équation de Dini (31) en utilisant l'identité servant à définir les fonctions adjointes et les relations entre les y_i, les z_i et leurs dérivées (Darboux, *loc. cit.*).

On peut donner pour les systèmes différentiels de forme générale (n° 1) une théorie analogue à celle de Dini : il suffit de prendre n^2 fonctions quelconques $\zeta_{ip}(t)$ et d'en déduire comme plus haut des noyaux $K_{ij}(t, \alpha)$; on construira aisément, en partant de ces n^2 fonctions, un système linéaire et homogène (25) qu'elles vérifient et l'on donne ensuite au système différentiel proposé la forme (23), ce qui conduit à un système d'équations intégrales tel que (26).

Mais pareille transformation n'est intéressante (on en verra plus loin la raison) que si les dérivées des F restent petites; la méthode n'est alors pas différente de celle indiquée plus haut.

8. Équations intégrales à limites fixes. — En imposant aux solutions du système (23) des conditions aux limites différentes des conditions initiales classiques de Cauchy, on est conduit à des systèmes d'équations intégrales à limites fixes.

Étudions d'abord le système (24). Sa solution générale est

$$(34) \qquad x_i(t) = \Delta_i(t) + \int_\tau^t \sum_{j=1}^n K_{ij}(t, \alpha) B_j(\alpha) d\alpha,$$

où τ est une constante, et où

$$(35) \qquad \Delta_i(t) = \sum_{s=1}^n \lambda_s \zeta_{si}(t),$$

les λ_s étant des constantes arbitraires et $\zeta_{1i}, \zeta_{2i}, \ldots, \zeta_{ni}$ désignant, comme plus haut, n solutions indépendantes du système homogène (25).

Les coefficients de ce système étant réguliers dans l'intervalle $\tau < t < T$ et n valeurs $t_1, t_2, \ldots, t_n$ de t étant données dans cet intervalle, distinctes ou non, faisons correspondre à chacune de ces valeurs t_m une équation

$$(36) \qquad L_m[x(t_m)] = a_m,$$

linéaire par rapport aux valeurs $x_1(t_m), x_2(t_m), \ldots, x_n(t_m)$ que les fonctions inconnues prennent pour $t = t_m$; nous aurons ainsi n *conditions linéaires* imposées aux solutions cherchées de (24). Tel serait, par exemple, le cas où l'on se donnerait la valeur de p fonctions $x_i(t)$ pour $t = t_1$ et la valeur des $n - p$ autres pour $t = t_n$.

En portant les expressions (34) dans les relations (36) on a n équations linéaires en $\lambda_1, \lambda_2, \ldots, \lambda_n$. *Supposons le déterminant des coefficients différent de zéro*, elles permettent d'exprimer $\lambda_1, \lambda_2, \ldots, \lambda_n$ comme fonctions linéaires de $a_1, a_2, \ldots, a_n$ et de certaines intégrales où interviennent les expressions $K_{ij}(t_m, \alpha)$. Transportons ces expressions des λ dans les formules (34) et faisons entrer sous les signes $\int$ les expressions ζ_{si} intervenant dans les Δ, nous obtenons les fonctions $x_i(t)$ comme sommes de fonctions connues et d'intégrales telles que

$$\int_\tau^t K_{ij}(t, \alpha) B_j(\alpha) d\alpha, \quad \int_\tau^{t_p} \mathcal{K}_{ij}(t, \alpha) B_j(\alpha) d\alpha,$$

$B_j(t)$ désignant toujours les seconds membres des équations (24), mais les noyaux $\mathcal{K}_{ij}(t, \alpha)$ peuvent différer des précédents.

Toutes ces intégrales peuvent être écrites avec les limites τ et T $\int_\tau^T \overline{k}_{ij}(t, \alpha)\, B_j(\alpha)\, d\alpha$, en y faisant figurer des noyaux pouvant être discontinus. Pour le premier type, on pose

$$\overline{k}_{ij}(t,\alpha) = K_{ij}(t,\alpha) \quad \text{pour} \quad \tau < \alpha < t < T, \qquad \overline{k}_{ij}(t,\alpha) = 0 \quad \text{pour} \quad \tau < t < \alpha < T;$$

pour le second type, on prend

$$\overline{k}_{ij}(t,\alpha) = \mathcal{K}_{ij}(t,\alpha) \quad \text{pour} \quad \tau < \alpha < t_p, \qquad \overline{k}_{ij}(t,\alpha) = 0 \quad \text{pour} \quad t_p < \alpha < T.$$

En définitive, dans le carré $\tau < \alpha < T$, $\tau < t < T$ du plan α, t, *les nouveaux noyaux* $\overline{k}$ *sont définis et continus sauf peut-être sur la diagonale* $\alpha = t$, *et sur certaines parallèles* $\alpha = t_p$ *à l'axe* Ot.

La solution de (24) satisfaisant aux n conditions linéaires (36) s'écrit donc

$$(37) \qquad x_i(t) = \mathcal{O}_i(t) + \int_\tau^T \sum_{j=1}^{n} k_{ij}(t,\alpha)\, B_j(\alpha)\, d\alpha,$$

les noyaux k étant des sommes de noyaux $\overline{k}$, les $\mathcal{O}$ étant des fonctions connues.

Revenant au système différentiel non linéaire (23), nous voyons que *s'il existe une solution de ce système satisfaisant aux conditions linéaires* (36), *les fonctions qui la constituent vérifient aussi le système d'équations intégrales*

$$(38) \qquad x_i(t) = \mathcal{O}_i(t) + \int_\tau^T \sum_{j=1}^{n} k_{ij}(t,\alpha)\, F_j[\alpha;\, x_1(\alpha), \ldots, x_n(\alpha)]\, d\alpha.$$

Ce système est *à limites d'intégration fixes*, comme les équations de Fredholm, mais il n'est généralement pas linéaire par rapport aux fonctions inconnues; pour qu'il le soit, il faut que le système différentiel (23) dont on est parti soit lui-même linéaire.

Exemple. — M. Picard aborde le problème de la détermination d'une solution d'une équation du second ordre

$$(39) \qquad \frac{d^2 x}{dt^2} = f\left(t, x, \frac{dx}{dt}\right),$$

prenant pour $t = 0$ la valeur 0 et pour $t = b$ la valeur B, par un procédé dont la méthode précédente n'est qu'une extension. L'équation équivaut à deux équations de la forme (23) qu'il est inutile d'écrire, et les équations linéaires (24) que nous aurions à considérer équivalent à l'équation $\frac{d^2x}{dt^2} = \varphi(t)$ qui permet de construire les noyaux de deux équations intégrales :

$$(40) \qquad \begin{cases} x(t) = \dfrac{Bt}{b} + \displaystyle\int_0^b G(t, \alpha) f[\alpha, x(\alpha), x'(\alpha)]\, d\alpha, \\ x'(t) = \dfrac{B}{b} + \displaystyle\int_0^b G'_t(t, \alpha) f[\alpha, x(\alpha), x'(\alpha)]\, d\alpha, \end{cases}$$

auxquelles s'appliquent les approximations successives que M. Picard utilise [19, *b*, *c*, t. III, Chap. V] pour l'équation (39). Ces noyaux sont

$$G(t, \alpha) = \alpha\left(\frac{t}{b} - 1\right) \quad \text{et} \quad G'_t(t, \alpha) = \frac{\alpha}{b}, \quad \text{si} \quad 0 < \alpha < t < b;$$

$$G(t, \alpha) = -t\left(1 - \frac{\alpha}{b}\right) \quad \text{et} \quad G'_t(t, \alpha) = \left(1 - \frac{\alpha}{b}\right), \quad \text{si} \quad 0 < t < \alpha < b.$$

La méthode générale donnée plus haut conduit tout ausi facilement à la construction des équations intégrales intervenant dans les généralisations de ce problème traitées par M. Picard lui-même [19, *b*, *c*,] et par M. Gau [8].

Nous étudierons plus loin (n° 12) le système d'équations intégrales (38). On notera que sa formation suppose simplement l'existence de solutions pour un certain système d'équations du premier degré, ou encore l'existence d'une solution unique du système différentiel homogène (25) satisfaisant aux conditions linéaires (36) données. (Le nombre de ces conditions linéaires peut d'ailleurs surpasser n, pourvu qu'elles soient compatibles.)

Les termes $\mathcal{D}_i(t)$ auxquels se réduisent les seconds membres des équations (38) si les F sont nuls, sont précisément les solutions du système homogène (25) satisfaisant à ces conditions linéaires.

Nous avons admis que les coefficients des équations linéaires (25) ne présentaient aucune singularité dans l'intervalle (τ, T), mais les bornes de l'intervalle peuvent être des valeurs singulières pour ces coefficients, et par suite aussi pour les solutions du système homogène (25), pourvu toutefois que ces singularités n'empêchent pas l'existence des solutions de ce système vérifiant les relations (36). De la même façon, il est permis de supposer que l'on a $\tau = -\infty$ ou $T = +\infty$ et que cette borne infinie est l'une des valeurs t_m données. On verra plus loin des exemples de ces singularités.

9. Théorèmes d'existence pour les systèmes d'équations non linéaires du type Volterra. — Les approximations successives ont été, dès le début, utilisées pour l'étude des équations intégrales linéaires [14, 13] ou quelconques [13, 3, *d*] : l'extension aux systèmes de la forme

$$x_i(t) = D_i(t) + \int_{t_0}^{t} f_i[t;\alpha, x_1(\alpha), \ldots, x_n(\alpha)]\,d\alpha$$

du raisonnement et des résultats du n° 1 est aisée quand les fonctions $f_i(t;\alpha;x_1,\ldots,x_n)$ sont bornées et satisfont par rapport à $x_1,\ldots,x_n$ à des conditions de Lipschitz à coefficients constants. Le fait que ces fonctions f_i dépendent d'une variable de plus ne soulève alors aucune difficulté.

Une évaluation de la convergence des approximations plus précise que celle fournie par cette théorie rapide a été faite [3, *d*] pour les équations (26); nous n'en donnerons pas les résultats qui restent analogues à ceux du n° 1 : nous signalerons aussi, sans insister, l'extension des propositions des n°s 2 et 3 et les perfectionnements qu'elles apportent aux problèmes de l'intégration approchée. La méthode consiste à comparer les approximations successives du système (26) étudié aux approximations de même rang d'un système d'équations intégrales de Volterra linéaires dont les noyaux sont des fonctions positives et bornées.

$$(41)\qquad z_i(t) = \Delta_i(t) + \int_{t_0}^{t}\sum_{k=1}^{n} L_{ik}(t,\alpha)\,z_k(\alpha)\,d\alpha \qquad (i = 1, 2, \ldots, n).$$

10. Sur certains systèmes d'équations de Fredholm linéaires. — Nous laisserons désormais de côté les systèmes (26) ou du moins ceux d'entre eux qui sont réguliers (intervalle d'étude fini, noyaux bornés) pour aborder les *systèmes à limites fixes* (38) [auxquels les systèmes (26) peuvent d'ailleurs être rattachés, ainsi que nous le ferons dans le cas des systèmes non réguliers que nous aurons à utiliser]. Leur étude fait encore intervenir des équations intégrales linéaires, mais du type Fredholm.

$$(42)\quad z_i(t) = \Delta_i(t) + \int_\tau^T \sum_{k=1}^{n} L_{ik}(t, \alpha)\, z_k(\alpha)\, d\alpha \qquad (i = 1, 2, \ldots, n).$$

Les propositions suivantes sont d'un usage constant :

1° Supposons $T > \tau$, et admettons que les noyaux $L_{ik}(t, \alpha)$, les termes indépendants $\Delta_i(t)$ et les premières approximations z_i^1 soient des fonctions positives; les approximations successives z_i^p, formées comme on l'a vu (n° 1), sont toutes positives ainsi que leurs limites quand elles existent. Les différences successives

$$\Delta z_i^p = z_i^{p+1} - z_i^p$$

sont encore positives si les premières d'entre elles le sont, ce qui arrive en particulier lorsque les premières approximations $z_i^1(t)$ sont prises égales aux termes $\Delta_i(t)$.

Si de plus les $\Delta_i(t)$ sont fonctions croissantes de t, les approximations successives (et leurs limites) le sont aussi dans le cas des systèmes de Volterra (41) et dans le cas des systèmes de Fredholm (42) quand les noyaux $L_{ik}(t, \alpha)$ sont fonctions croissantes de t, quel que soit α dans l'intervalle $\tau < \alpha < T$.

2° Considérons deux systèmes S, S′ de la forme (42) : le premier construit avec des fonctions $\Delta_i(t)$, $L_{ik}(t, \alpha)$; le second avec des fonctions $\Delta'_i(t)$, $L'_{ik}(t, \alpha)$ dominant respectivement les précédentes; les premières approximations de S′, $z_i'^1$ dominant les premières approximations de S, z_i^1, les approximations successives de S′ dominent les approximations correspondantes de S, et il en est de même de leurs limites, si elles existent. Les différences de toutes ces approximations successives de S′, $\Delta z_i'^p(t)$ dominent de même les différences correspondantes pour S, $\Delta z_i^p(t)$ s'il en est ainsi pour les premières différences

$$\Delta z_i'^1(t) > |\Delta z_i^1(t)|.$$

3° Une proposition analogue à la précédente s'applique encore au cas où l'intervalle d'intégration τ', T′ de S′ est différent de celui de S et le recouvre entièrement, c'est-à-dire que $\tau' < \tau < T < T'$.

On admet encore les hypothèses faites pour 2° et, de plus, les fonctions Δ' et L' et les premières approximations de S′ sont censées positives dans tout l'intervalle τ', T′.

4° Si les fonctions $z_i(t)$ satisfont à un système (41) ou (42), et si l'on pose

$$z_i(t) = \lambda(t)\zeta_i(t),$$

les fonctions $\zeta_i(t)$ satisfont à un système analogue construit en remplaçant respectivement

$$\Delta_i(t) \quad \text{par} \quad \frac{\Delta_i(t)}{\lambda(t)}$$

et

$$\mathrm{L}_{ik}(t, \alpha) \quad \text{par} \quad \frac{\lambda(\alpha)}{\lambda(t)}\mathrm{L}_{ik}(t, \alpha).$$

5° Soient S, S' deux systèmes de la forme (42) ayant mêmes noyaux, mêmes bornes pour les intégrales, ne différant que par les termes indépendants, soient $\Delta_i(t)$ et $\Delta'_i(t)$; en ajoutant les solutions, supposées existantes, des systèmes S, S' on a une solution d'un troisième système S'' qui se déduit de S en y remplaçant

$$\Delta_i(t) \quad \text{par} \quad \Delta_i(t) - \Delta'_i(t).$$

Existence des solutions. — Dans le cas des systèmes de Volterra réguliers (à noyaux et fonctions $\Delta_i(t)$ bornées), il existe un système de solutions bien déterminé, unique, dans tout intervalle d'étendue finie. Au contraire, dans le cas des systèmes d'équations de Fredholm (42) et dans celui des systèmes de Volterra non réguliers, le théorème d'existence comporte une condition concernant la grandeur de ces noyaux.

Les systèmes (42) sont un cas particulier de systèmes étudiés par M. Fredholm, et l'on trouve dans les ouvrages classiques la méthode élégante par laquelle il en ramène l'étude à celle d'une seule équation. Dans les systèmes utilisés ici les noyaux des systèmes et de l'équation unique équivalente sont d'ailleurs de la forme $\sum_i X_i(t)\, Y_i(\alpha)$ étudiée par M. Goursat.

Mais comme nous n'appliquerons que le cas élémentaire où les approximations successives convergent, sans étudier les valeurs singulières de la variable λ de Fredholm, qui dans nos systèmes (42) est toujours égale à l'unité, et que, d'autre part, nous aurons affaire parfois à des intervalles d'intégration τ, T d'étendue infinie ou à des noyaux singuliers, nous n'utiliserons pas la transformation de

Fredholm, et démontrerons rapidement un théorème d'existence des solutions pour les systèmes (42).

Soit $T > \tau$; admettons qu'il existe des nombres A_i et m_{ik} tels que

$$A_i > |\Delta_i(t)|, \qquad m_{ik} > \int_\tau^T |L_{ik}(t, \alpha)|\, d\alpha.$$

Formons les approximations successives en partant de $z_i^1(t) = \Delta(t)$, on a

$$\Delta z_i^p(t) = \int_\tau^T \sum_{k=1}^n L_{ik}(t, \alpha)\Delta z_k^{p-1}(\alpha)\, d\alpha, \qquad \Delta z_i^0 = z_i^1 \qquad (i = 1, 2, \ldots, n).$$

Calculons les nombres Z_i^s par les relations

$$(43) \quad \begin{cases} Z_i^1 = A_i, \quad \Delta Z_i^p = Z_i^{p+1} - Z_i^p = \sum_{k=1}^n m_{ik}\Delta Z_k^{p-1}, \quad \Delta Z_i^0 = Z_i^1 \\ (i = 1, 2, \ldots, n;\ p = 1, 2, \ldots), \end{cases}$$

qui s'écrivent encore

$$Z_i^p = A_i + \sum_{k=1}^n m_{ik} Z_k^{p-1}.$$

Si les expressions Z_i^p ont pour p infini des limites Z_i, ces limites vérifient le système linéaire

$$(44) \qquad Z_i = A_i + \sum_{k=1}^n m_{ik} Z_k \qquad (i = 1, 2, \ldots, n).$$

On le déduit du système linéaire

$$(45) \qquad \zeta_i - \lambda \sum_{k=1}^n m_{ik}\zeta_k = A_i$$

en y faisant $\lambda = 1$. Celui-ci admet des solutions $\zeta_i(\lambda)$ fonctions rationnelles de λ développables en séries entières en λ convergentes pourvu que λ soit inférieur au *nombre ρ plus petit module des racines de l'équation $\Theta(\lambda) = 0$, où $\Theta(\lambda)$ est le déterminant des équations linéaires* (45).

Mais pour $\lambda = 1$, les termes en λ^p des expressions ζ_i sont précisément ΔZ_i^p, et *lorsque* $\rho > 1$, *les expressions* Z_i^p *tendent, pour* $\lim p = \infty$, *vers des limites* Z_i *solutions de* (41). Les inégalités

$$\Delta Z_i^p \geq |\Delta z_i^p|,$$

dont la démonstration est immédiate, montrent alors que, *si* $\rho > 1$, *les fonctions* z_i^p *tendent uniformément vers des limites* z_i *vérifiant le système* (42).

On observera : 1° que les fonctions $z(t)$ sont dominées par les constantes Z_i correspondantes; 2° que le nombre ρ est indépendant des constantes A_i; 3° que la condition $\rho > 1$ est réalisée, si les nombres m_{ik} sont assez petits. On peut d'ailleurs l'établir en remplaçant tous les nombres m_{ik} par le plus grand d'entre eux, soit m, ce qui augmente les expressions Z_i^p; les équations (45) sont alors

$$\frac{\zeta_1 - A_1}{\lambda m} = \frac{\zeta_2 - A_2}{\lambda m} = \ldots = \frac{\zeta_n - A_n}{\lambda m} = \zeta_1 + \ldots + \zeta_n = \frac{A_1 + A_2 + \ldots + A_n}{1 - \lambda m n}$$

et donnent

$$\zeta_i = A_i + \frac{A_1 + \ldots + A_n}{1 - \lambda m n} \lambda m.$$

Les développements en séries entières en λ de ces expressions convergent pour $|\lambda| < \frac{1}{mn}$; si $m < \frac{1}{n}$ les séries sont convergentes pour $\lambda = 1$, les expressions Z_i^p tendent vers des limites et l'on a bien $\rho > 1$.

Montrons que *la solution du système* (42) *dont nous avons établi l'existence est unique.*

S'il existait deux systèmes de solutions z_i, z_i' formés de fonctions bornées, leurs différences $\delta z_i = z_i - z_i'$ vérifieraient les équations homogènes

$$(46) \qquad \delta z_i = \int_{\tau}^{T} \sum_{k=1}^{n} L_{ik}(t, \alpha)\, \delta z_k(\alpha)\, d\alpha.$$

Soient δ_i^1 des nombres dominant les différences $\delta z_i(t)$; les équations (46) montrent qu'on peut remplacer les nombres δ_i^1 par les nombres

$$\delta_i^2 = \sum_{k=1}^{n} m_{ik} \delta_i^1$$

et les nombres δ_i^2 peuvent à leur tour être remplacés par des nombres $\delta_i^3, \ldots, \delta_i^p$ se calculant de proche en proche par les mêmes relations de récurrence qui sont analogues à celles des relations (43) qui concernent les ΔZ. Ce rapprochement montre que les expressions δ_i^p tendent vers zéro quand p croît indéfiniment; et les expressions $\delta z_i(t)$ étant dominées par ces nombres δ_i^p, quel que soit p, sont bien nulles.

11. Exemples. — Le système d'équations intégrales formées par M. Picard pour la détermination des caractéristiques d'une équation du second ordre passant par deux points (nº 8) et ceux qui interviennent dans les généralisations de ce problème s'étudient par comparaison avec des systèmes d'équations de Fredholm où les intervalles d'intégration sont d'étendue finie, les noyaux (des polynomes qui peuvent varier suivant les régions du plan α, t) restent bornés. Il suffit donc que leurs bornes soient assez voisines de zéro pour que ces équations de comparaison admettent une solution bien déterminée et unique. (*Voir* plus loin, nº 13.)

La méthode précédente, faisant intervenir uniquement les nombres m_{ik}, bornes supérieures des intégrales $\int_\tau^{T} |L_{ik}(t, \alpha)|\, d\alpha$, peut être remplie alors même que l'intervalle d'intégration s'étend à l'infini ou que les noyaux deviennent infinis pour une valeur, finie ou non, de la variable; la convergence uniforme des approximations successives n'en est pas moins assurée. Ces intervalles infinis ou ces noyaux singuliers se présentent souvent dans les applications; à propos de celles indiquées plus loin, on démontre facilement, dans chaque cas particulier, que la présence de ces singularités n'empêche pas les formules habituelles de dérivation d'être valables.

Dans les exemples que nous allons donner maintenant (systèmes de comparaison utilisés [3, c] dans l'étude des solutions asymptotiques), la borne inférieure τ de l'intervalle d'étude peut être prise assez grande pour que certaines inégalités soient vérifiées, et la détermination des nombres m_{ik} utilise les inégalités suivantes, qui interviendront encore dans la suite.

a. Une intégrale $\int_0^t e^{\lambda(\alpha-t)}\, d\alpha$ où λ est réel, où la différence $t-\theta$ a le signe de λ, est dominée par $\frac{1}{|\lambda|}$.

b. $f(t)$ étant une fonction positive décroissante, on a, si la constante m est positive,

$$\int_t^{+\infty} e^{m(t-x)} f(x)\,dx < \frac{f(t)}{m}. \tag{7}$$

c. $f(t)$ étant positive et décroissante, la constante l positive, si l'on peut trouver un nombre positif λ inférieur à l tel que $e^{\lambda t} f(t)$ soit asymptotiquement croissante [c'est-à-dire pour τ et t $(\tau < t)$ assez grands], on a

$$\int_\tau^t e^{l(x-t)} f(x)\,dx < \frac{f(t)}{l-\lambda}. \tag{8}$$

S'il existe des nombres λ tels que $e^{\lambda t} f(t)$ soit asymptotiquement croissante, aucun de ces nombres n'étant inférieur à l, soit Λ l'un d'eux; alors $e^{kt}\{f(t)\}^{\frac{k}{\Lambda}}$, k étant compris entre 0 et l, est une fonction croissante; de plus $\{f(t)\}^{1-\frac{k}{\Lambda}}$ est une fonction décroissante; on peut trouver $A > 0$ tel que

$$\int_\tau^t e^{l(x-t)} f(x)\,dx = [f(t)]^{\frac{k}{\Lambda}} \int_\tau^t \frac{e^{kx}[f(x)]^{\frac{k}{\Lambda}}}{e^{kt}[f(t)]^{\frac{k}{\Lambda}}} [f(x)]^{1-\frac{k}{\Lambda}} e^{(l-k)(x-t)}\,dx < A[f(t)]^{\frac{k}{\Lambda}}. \tag{9}$$

Soit d'abord le système

$$\left\{\begin{aligned} z_1(t) &= a_1(t) + \varepsilon \int_\tau^t e^{l(x-t)} \{z_1(x) - z_2(x)\}\,dx, \\ z_2(t) &= a_2(t) + \varepsilon \int_t^{+\infty} e^{-m(x-t)} \{z_1(x) + z_2(x)\}\,dx, \end{aligned}\right. \tag{50}$$

a_1, a_2 sont des fonctions positives bornées dans l'intervalle $\tau < t < +\infty$ et l, m, ε des constantes positives. La règle du n° 10 montre que si

$$\varepsilon\left(\frac{1}{l} + \frac{1}{m}\right) < 1,$$

le système admet dans cet intervalle une solution bornée et une seule.

Pour un système de la forme

$$\left\{\begin{aligned} & z_i(t) = a_i(t) + \varepsilon \sum_{j=1}^{n} (\pm 1) \int_{\theta_j}^{t} e^{\lambda_j(x-t)} \{z_1(x) + \ldots + z_n(x)\}\,dx \\ & \qquad (i = 1, 2, \ldots, n), \end{aligned}\right. \tag{51}$$

où les a_i sont des fonctions de t positives et bornées dans l'intervalle $\tau < t < +\infty$, ε est une constante positive, les λ sont des nombres non nuls, $\theta_j = +\infty$ si $\lambda_j < 0$, $\theta_j = \tau$ si $\lambda_j > 0$ et où enfin

$$(\pm 1) = \frac{\lambda_j}{|\lambda_j|},$$

on peut prendre les nombres m_{ik} tous égaux à $\mu = \varepsilon \sum_{j=1}^{n} \frac{1}{|\lambda_j|}$; le système admet une solution si $n\mu < 1$. Ces considérations s'appliquent notamment lorsqu'on a $a_i = b_i e^{-2rt}$, r et les nombres b_i étant positifs; mais on peut alors aller plus loin en utilisant des remarques antérieures (nº 10, 3º et 4º) et montrer que le *système*

$$(52) \quad z_i(t) = b_i e^{-2rt} + \varepsilon \sum_{j=1}^{n} (\pm 1) \int_{\theta_j}^{t} e^{\lambda_j(\alpha - t)} \{ z_1(\alpha) + \ldots + z_n(\alpha) \} \, d\alpha,$$

où r est inférieur au plus petit nombre positif λ_j, admet si

$$\varepsilon \sum_{j=1}^{n} \frac{1}{|\lambda_j - 2r|} < \frac{1}{n}$$

une solution; toutes les fonctions $z_s(t)$ qui la constituent sont positives et inférieures à he^{-2rt}, h étant une constante; elles sont donc asymptotiques à zéro pour t infini positif [3, e, nº 17].

Les équations

$$(53) \quad \begin{cases} z_1(t) = \dfrac{a_1}{t^\mu} + \varepsilon \displaystyle\int_{\tau}^{t} \dfrac{1}{t} \{ z_1(\alpha) + z_2(\alpha) + z_3(\alpha) \} \, d\alpha, \\ z_2(t) = \dfrac{a_2}{t^\mu} + \varepsilon \displaystyle\int_{\tau}^{t} e^{l(\alpha - t)} \{ z_1(\alpha) + z_2(\alpha) + z_3(\alpha) \} \, d\alpha, \\ z_3(t) = \dfrac{a_3}{t^\mu} + \varepsilon \displaystyle\int_{t}^{+\infty} e^{m(t-\alpha)} \{ z_1(\alpha) + z_2(\alpha) + z_3(\alpha) \} \, d\alpha, \end{cases}$$

où $a_1, a_2, a_3, \varepsilon, \tau, l, m$ sont des constantes positives et où le nombre μ est compris entre zéro et un, se transforment, en posant $z_i = Z_i t^{-\mu}$, en un système analogue auquel la théorie du nº 10 s'applique aisément; on en conclut que *si*

$$\varepsilon \left\{ \frac{1}{1-\mu} + \frac{1}{l-l'} + \frac{1}{m} \right\} < 1,$$

les équations (53) *admettent des solutions asymptotiques à zéro pour* $t = +\infty$ [3, *e*, n° 20].

La méthode d'approximations successives dont on a fait usage pour la *représentation asymptotique des solutions de certaines équations différentielles linéaires* [11; 19, *c*, t. III, Chap. XIV] peut être considérée comme s'appliquant après transformation préalable de ces équations différentielles en équations intégrales. Celles-ci sont linéaires et il est facile de les étudier par comparaison avec des équations de même forme, mais où noyaux et termes indépendants sont positifs. Un seul exemple suffira; nous prendrons l'équation de la forme

$$(54) \qquad x(t) = \int_{+\infty}^{t} e^{t-\alpha}\left(\frac{p_1}{\alpha} + \frac{p_2}{\alpha^2} + \ldots\right) x(\alpha)\, d\alpha + \int_{\infty}^{t}\left(\frac{q_2}{\alpha^2} + \ldots\right) x(\alpha)\, d\alpha + h.$$

qui donne (aux notations près) les approximations étudiées par M. Picard [19, *c*, t. III, Chap. XIV], quand on part de la première approximation $x^1 = h$. Les séries entre parenthèses sont dominées par des fonctions $\frac{P}{\alpha}$, $\frac{Q}{\alpha^2}$, P et Q constantes positives; soit $|h| < H$. L'équation intégrale de comparaison (n° 10, 2°) est

$$Z(t) = \int_{t}^{+\infty} e^{t-\alpha}\frac{P}{\alpha} Z(\alpha)\, d\alpha + \int_{t}^{+\infty} \frac{Q}{\alpha^2} Z(\alpha)\, d\alpha + H.$$

On s'assure que la condition d'existence $\rho > 1$ du n° 10 est toujours remplie dès que $t > \tau$, τ étant assez grand.

Nous verrons plus loin (n° 15) un autre choix des premières approximations.

12. Théorème d'existence des solutions d'un système non linéaire du type Fredholm. — Soit le système

$$(38) \quad \left\{ \begin{array}{l} x_i(t) = \varpi_i(t) + \displaystyle\int_{\tau}^{T} \sum_{j=1}^{n} k_{ij}(t, \alpha)\, F_j[\alpha; x_1(\alpha), \ldots, x_n(\alpha)]\, d\alpha \\ \qquad\qquad (i = 1, 2, \ldots, n). \end{array} \right.$$

On suppose que les fonctions F satisfont, quand les points t, $x_1, \ldots, x_n$ et $t, x'_1, x'_2, \ldots, x'_n$ restent dans un certain domaine D aux inégalités

$$(55) \qquad |F_i(t;\, x_1, \ldots, x_n)| < m_i(t)$$

et aux conditions de Lipschitz

$$(56) \qquad |F_i(t;\, x_1, \ldots, x_n) - F_i(t;\, x'_1, \ldots, x'_n)| < \sum_{k=1}^{n} c_{ik}(t)\,|x_k - x'_k|.$$

On admet que t et α étant compris tous deux dans l'intervalle d'intégration

$$(\mathrm{I}) \qquad \tau < t < \mathrm{T},$$

on a des fonctions dominantes pour les noyaux

$$(57) \qquad |k_{ij}(t, \alpha)| < \mathrm{K}_{ij}(t, \alpha).$$

Soient $y_1(t), \ldots, y_n(t)$ n fonctions constituant une solution approchée du système (38); nous supposons que la partie de la caractéristique approchée [courbe t, $x_1 = y_1(t), \ldots, x_n = y_n(t)$] correspondant à l'intervalle (I) est intérieure au domaine D.

Les approximations successives se forment comme plus haut (n° 1) en partant des fonctions données prises pour premières approximations $y_i^1(t) = y_i(t)$.

On peut d'abord, comme au n° 1 [proposition (A)], étudier successivement l'existence et la convergence de ces approximations.

Soient $\eta_i(t)$ des fonctions dominant dans l'intervalle (I) les fonctions $\mathcal{O}_i(t)$; posons

$$\lambda_i(t) > \int_\tau^{\mathrm{T}} \sum_{j=1}^{n} \mathrm{K}_{ij}(t, \alpha)\, m_j(\alpha)\, d\alpha.$$

(a). *Si la gaine*

$$\tau < t < \mathrm{T}, \qquad |x_i - \mathcal{O}_i(t)| < \lambda_i(t) \qquad (i = 1, 2, \ldots, n)$$

est tout entière comprise dans le domaine D, *les approximations successives sont toutes bien définies*, les caractéristiques approchées correspondantes sont intérieures à D; il en est de même de leur limite quand elle existe; c'est alors la caractéristique exacte.

Construisons le système linéaire

$$(58) \qquad z_i(t) = \eta_i(t) + \lambda_i(t) + \int_\tau^{\mathrm{T}} \sum_{k=1}^{n} \mathrm{L}_{ik}(t, \alpha)\, z_k(\alpha)\, d\alpha \qquad (i = 1, 2, \ldots, n),$$

où les noyaux L sont donnés par

$$L_{ik}(t, \alpha) = \sum_{j=1}^{n} K_{ij}(t, \alpha) c_{jk}(\alpha).$$

Comparant les différences $\Delta y_i^p = y_i^{p+1}(t) - y_i^p(t)$ aux différences analogues Δz_i^p des approximations successives du système (58) construites en prenant $z_i^1(t) = 0$, on voit que :

(*b*). *Si la condition* $\rho > 1$ (*du n° 10*) *est remplie pour le système* (58), *les approximations successives* y_i^p *convergent uniformément vers des fonctions* $x_i(t)$ *constituant une solution du système* (38). Les erreurs $x_i(t) - y_i(t)$ sont dominées dans (I) par les fonctions $M_i(t) = \eta_i(t) + \lambda_i(t)$.

L'ensemble des propositions (*a*) et (*b*) constitue un *théorème d'existence* (A′) analogue au théorème (A) du n° 1. On en obtient un autre en utilisant le nouveau système de comparaison

$$(59) \qquad Z_i(t) = \Delta_i(t) + \int_{\tau}^{T} \sum_{k=1}^{n} L_{ik}(t, \alpha) Z_k(\alpha)\, d\alpha,$$

où les noyaux et le nombre ρ sont les mêmes que pour le système (58), et où les fonctions $\Delta_i(t)$ dominent les erreurs sur les équations (38) correspondant aux solutions approchées $y_i(t)$

$$\Delta_i(t) > \left| D_i(t) - y_i(t) - \int_{\tau}^{T} \sum_{j=1}^{n} k_{ij}(t, \alpha) F_j[\alpha; y_1(\alpha), \ldots, y_n(\alpha)]\, d\alpha \right|.$$

Si la condition de convergence $\rho < 1$ est remplie, le système (59) admet une solution $Z_1(t), \ldots, Z_n(t)$.

(B′). *Si la gaine*

$$\tau \leq t \leq T, \qquad |x_i - y_i(t)| \leq Z_i(t) \quad (i = 1, 2, \ldots, n)$$

est intérieure au domaine D, *les approximations successives* $y_i^p(t)$ *sont bien définies et tendent uniformément vers des fonctions* $x_i(t)$ *solutions du système* (38); les erreurs $x_i(t) - y_i(t)$ sont dominées par les fonctions $Z_i(t)$.

La *solution* $x_i(t)$, dont l'existence est assurée lorsque les conditions (A′) ou les conditions (B′) sont remplies, *est unique :* d'une façon précise, on ne peut trouver deux solutions $x_i(t)$, $x'_i(t)$ correspondant à des caractéristiques toutes deux incluses dans D et telles que les différences $x_i - x'_i$ restent bornées. On établit facilement en effet — comme plus haut (n° 10) — que ces différences sont dominées par des nombres arbitrairement petits.

On peut établir des théorèmes analogues à ceux des n°s 2 et 3; indiquons seulement à ce sujet une *généralisation de* (A′) correspondant à un changement des approximations successives. Il consiste à déduire les approximations de rang $p+1$ de celles de rang p en portant ces dernières dans les seconds membres des équations

$$(60)\qquad x_i(t) = \mathcal{O}_i(t) + \int_\tau^T \sum_{j=1}^n k_{ij}(t, \alpha)\, F_j^p[\alpha; x_1(\alpha), \ldots, x_n(\alpha)]\, d\alpha,$$

les fonctions F_j^p *dépendent ainsi de l'ordre p des approximations.* Au sujet de ces fonctions, on admet que, p tendant vers l'infini, les fonctions F_i^1, F_i^2, ..., F_i^p tendent uniformément vers des fonctions $F_i(t; x_1, \ldots, x_n)$ dans le domaine D, les fonctions F_i^p sont, quel que soit p, dominées par une même fonction $m_i(t)$ et vérifient une même condition de Lipschitz (56) [où les $c_{ik}(t)$ ne dépendent pas de p]. La démonstration de (a) reste valable; on doit apporter quelques changements à la démonstration de (b).

Pour cela, dans le calcul des différences Δy_i^p, on écrit

$$\begin{aligned} &F_j^p[\alpha;\ y_1^p(\alpha), \ldots,\ y_n^p(\alpha)] - F_j^{p-1}[\alpha; y_1^{p-1}(\alpha), \ldots, y_n^{p-1}(\alpha)] \\ =\ &F_j^p[\alpha;\ y_1^p(\alpha), \ldots,\ y_n^p(\alpha)] - \quad F_j^p[\alpha; y_1^{p-1}(\alpha), \ldots, y_n^{p-1}(\alpha)] \\ &- \{F_j^p[\alpha; y_1^{p-1}(\alpha), \ldots, y_n^{p-1}(\alpha)] - F_j^{p-1}[\alpha; y_2^{p-1}(\alpha), \ldots, y_n^{p-1}(\alpha)]\}. \end{aligned}$$

Les équations de comparaison sont, à cause de la dernière différence, plus compliquées que dans le cas précédent; il est aisé de voir qu'on peut actuellement prendre

$$|\Delta y_i^p| < \Delta z_i^p = \mu_p - \int_\tau^T \sum_{k=1}^n L_{ik}(t, \alpha)\, \Delta z_k^{p-1}(\alpha)\, d\alpha,$$

μ_p étant un nombre positif décroissant et tendant vers zéro avec $\frac{1}{p}$. Les différences Δz_i^p pour lesquelles $p > r$, r étant un nombre fixe, sont majorées à leur tour par les approximations de rang $q = p - r$

d'un système d'équations intégrales linéaires

$$z_i(t) = \mu_i + \int_\tau^T \sum_{k=1}^{n} L_{ik}(t, \alpha)\, z_k(\alpha)\, d\alpha \qquad (i = 1, 2, \ldots, n).$$

Ces dernières approximations tendent vers des limites données elles-mêmes par les solutions du système linéaire

$$u_i = \mu_i + \sum_{k=1}^{n} m_{ik}\, u_k.$$

La convergence de ces approximations successives $y_i^p(t)$ étant établie, on voit immédiatement que les fonctions $x_i(t)$ vers lesquelles elles tendent vérifient le système (38).

13. Exemples. — PROBLÈME DE M. PICARD : *Caractéristique d'une équation du second ordre passant par deux points et généralisations.* — Nous avons indiqué plus haut (n° 8) les équations intégrales auxquelles revient la recherche d'une caractéristique d'une équation du second ordre passant par deux points donnés [19, c, t. III, Chap. V]. En désignant x et x' par x_1 et x_2 respectivement, nous avons un système (38) avec $n = 2$ et

$$k_{11} = G, \qquad k_{21} = G'_t, \qquad k_{12} = k_{22} = 0, \qquad F_1 = f,$$

les constantes α, β de M. Picard sont identiques aux coefficients de Lipschitz c_{11}, c_{12}; on construit les noyaux L_{ik}; en utilisant les inégalités

$$\int_0^h |G|\, d\alpha < \frac{h^2}{8}, \qquad \int_0^h |G'|\, d\alpha < \frac{h}{2},$$

on est conduit à poser

$$m_{11} = \alpha \frac{h^2}{8}, \qquad m_{12} = \beta \frac{h^2}{8}, \qquad m_{21} = \alpha \frac{h}{2}, \qquad m_{22} = \beta \frac{h}{2}.$$

Le nombre ρ correspondant à ces valeurs donne la condition de convergence de M. Picard

$$\frac{1}{\rho} = \alpha \frac{h^2}{8} + \beta \frac{h}{2} < 1.$$

Pour les conditions d'existence, en supposant le domaine D défini par $|x_1| < L$, $|x_2| < L'$ et $m_1 = M$, il est loisible de poser $\lambda_1 = M\frac{b^2}{8}$, $\lambda_2 = M\frac{b}{2}$; les inégalités (a) du n° 12 reviennent à

$$\left|x_1 - \frac{Bt}{b}\right| < M\frac{b^2}{8}, \qquad \left|x_2 - \frac{B}{b}\right| < M\frac{b}{2},$$

et sont certainement satisfaites pour $0 < t < b$ si les conditions de M. Picard

$$|B| + M\frac{b^2}{8} < L, \qquad \frac{|B|}{b} + M\frac{b}{2} < L'$$

sont vérifiées ([1]).

La règle (A') du n° 12 apparaît ainsi comme une généralisation de la méthode de M. Picard; quand on ne cherche pas des conditions de validité trop étendues elle donne une démonstration très rapide d'un théorème, nouvelle extension de celui de M. Picard :

Étant donné le système d'équations différentielles (23) supposons données n valeurs $t_1, t_2, \ldots, t_n$ ($t_1 < t_2 < \ldots < t_n$) de la variable t comprises dans l'intervalle τ, T où les coefficients $A_{ij}(t)$ sont définis et continus; à ces valeurs faisons correspondre d'une part un arrangement, pouvant comporter des répétitions, des indices 1, 2, ..., n, soit :

$$j_1, \quad j_2, \quad \ldots, \quad j_n;$$

d'autre part une suite de nombres

$$a_1, \quad a_2, \quad \ldots, \quad a_n.$$

Cherchons à déterminer une solution de (23) vérifiant les conditions

$$x_{j_k}(t_k) = a_k \qquad (k = 1, 2, \ldots, n).$$

Nous supposons le même problème possible et d'une seule façon pour le système homogène (25). On forme alors, comme au n° 8, un système (38) d'équations intégrales que doivent vérifier les solutions cherchées de (23). Les noyaux bien définis dans le carré $\tau < \alpha < T$,

(1) Ces conditions sont suffisantes sans être nécessaires. M. Picard a montré l'existence de solutions et la convergence des approximations dans des cas particuliers intéressants [19, c, t. III, Chap. VII], où les inégalités ci-dessus et notamment $\frac{1}{\rho} < 1$ peuvent n'être pas vérifiées.

$\tau < t < T$ peuvent être discontinus sur la diagonale $t = \alpha$ et les droites $\alpha = t_i$, mais restent bornés.

Si les coefficients de Lipschitz $c_{ik}(t)$ des seconds membres F_i de (23) sont assez petits, la condition (b) du n° 12 est remplie; si d'autre part $a_1, a_2, \ldots, a_n$ sont voisins de zéro, $\mathcal{D}_1(t), \ldots, \mathcal{D}_n(t)$ le sont de même; semblablement, si $m_1, \ldots, m_n$ sont voisins de zéro, $\lambda_1, \ldots, \lambda_n$ le sont aussi. la condition (a) ést remplie et le théorème (A') s'appliquant les conditions précédentes déterminent une caractéristique et une seule intérieure à D.

Il convient de signaler à propos de cette extension du problème posé par M. Picard des études récentes de M. Pomey [20], montrant que des conditions plus générales encore peuvent déterminer une solution d'un système différentiel. Cet auteur construit d'abord une équation linéaire aux dérivées partielles équivalente au système proposé, puis la transforme en une équation intégro-différentielle linéaire dont les solutions se peuvent obtenir par approximations successives. Nous ne pouvons que mentionner ces recherches qui supposent les variables complexes et les fonctions analytiques. Les résultats indiqués plus haut restent d'ailleurs intéressants à cause des hypothèses bien plus larges faites sur les fonctions F, et par la possibilité de leur adaptation au cas où T est infini et à celui où τ est une valeur singulière, cas dont nous abordons l'étude.

14. Solutions asymptotiques. — Dans les premiers théorèmes d'existence des solutions d'un système différentiel, la variable indépendante t reste dans un intervalle τ, T d'étendue finie. Connaît-on une solution particulière dans un intervalle s'étendant à l'infini, elle présente un intérêt d'autant plus grand que les théorèmes dus à Poincaré [9; 19, c] Liapounoff [15], Bohl [2] permettent souvent d'affirmer l'existence dans ce même intervalle d'étendue infinie des *solutions asymptotiques à cette solution particulière*, c'est-à-dire s'en rapprochant indéfiniment lorsque t devient infini.

La méthode des approximations successives élargit les hypothèses utilisées dans ces théorèmes et en donne une démonstration rapide et simple que nous allons indiquer. Un changement de variables permet de supposer nulles les fonctions $x_i(t)$ constituant la solution connue, et de se limiter, comme nous le ferons, à la recherche des solutions tendant vers zéro quand t tend vers $+\infty$.

1° Soit d'abord une seule équation différentielle de l'une des formes suivantes :

$$\frac{dx}{dt} = x + F(t;\, x), \tag{61}$$

$$\frac{dx}{dt} = -x + F(t;\, x). \tag{62}$$

On suppose

$$\lim_{t=+\infty} F(t;\, 0) = 0, \qquad |F'_x(t;\, x)| < \varepsilon, \qquad m(t) > |F(t;\, x)|,$$

ces inégalités ayant lieu dans un domaine D avoisinant la partie de l'axe Ot correspondant à $t > \tau$; ε étant constant et inférieur à l'unité, $m(t)$ étant une fonction décroissante tendant vers zéro quant t tend vers $+\infty$.

L'équation homogène correspondant à (61) n'a qu'une solution ($x = 0$) s'annulant pour $t = +\infty$, on est conduit à penser que l'équation (61) ne peut avoir qu'une solution asymptotique à zéro pour $t = +\infty$ représentée par une caractéristique intérieure à D; et que la recherche de cette solution revient à l'étude de l'équation intégrale

$$x(t) = \int_{+\infty}^{t} e^{t-\alpha} F[\alpha,\, x(\alpha)]\, d\alpha. \tag{63}$$

La condition de convergence (b) ($\rho > 1$) est remplie à cause de $\varepsilon < 1$; pour appliquer (a) on prend $K(t,\, \alpha) = e^{t-\alpha}$, $k = K$ ponr $a > t$, $k = 0$ pour $\alpha < t$ et $\lambda(t) = m(t)$; *si donc la gaine*

$$|x| < m(t) \tag{64}$$

est intérieure à D, *l'existence d'une solution asymptotique à zéro est assurée* (A').

Au lieu de (A') on peut utiliser la règle (B') : on part alors d'une sotution approchée $y(t)$; on construit $\Delta(t)$ dominant

$$\int_{\infty}^{t} e^{t-\alpha} F[\alpha,\, y(\alpha)]\, d\alpha - y(t) = \int_{t}^{\infty} e^{t-\alpha}\, \mathcal{E}(\alpha)\, d\alpha,$$

$\mathcal{E}(t) = \frac{dy}{dt} - y(t) - F[t,\, y(t)]$ étant l'erreur sur l'équation différentielle (61). Admettons qu'on puisse trouver une fonction $\beta(t)$ décroissante pour t positif et grand, β tendant vers zéro avec $\frac{1}{t}$; cette fonction dominant $\mathcal{E}(t)$; on pourra prendre

$$\Delta(t) = \beta(t) \qquad \text{et} \qquad Z(1-\varepsilon) = \beta(t);$$

quand la gaine

$$|x - y(t)| < \frac{\beta(t)}{1-\varepsilon} \tag{64}$$

est intérieure à D, on peut affirmer l'existence d'une solution de (61) asymptotique à zéro.

Toutes les solutions de l'équation homogène correspondant à (62) s'annulent pour $t = +\infty$; nous déterminerons l'une d'elles en nous donnant sa valeur a pour $t = \tau$; et nous associons par suite à l'équation (62), l'équation intégrale

$$x(t) = \alpha e^{\tau - t} + \int_{\tau}^{t} e^{\alpha - t} \mathrm{F}[\alpha; x(\alpha)]\, d\alpha \tag{65}$$

qui dépend de la constante arbitraire a.

Son étude est un peu moins simple que celle de (63) à cause du terme ainsi ajouté et de l'emploi des inégalités c du n° 11 au lieu de b pour l'estimation des intégrales.

Admettons qu'il existe un nombre l, tel que la fonction $e^{lt} m(t)$ soit croissante pour les grandes valeurs de t; si $l < 1$ le théorème (A') s'applique comme plus haut en remplaçant seulement dans l'inégalité (64) $m(t)$ par $\mathrm{P}m(t)$, P constante positive convenable; si enfin l n'est pas inférieur à l'unité, on remplacera $m(t)$ par $\mathrm{P}[m(t)]^{\nu}$ où ν est inférieur au plus grand des nombres $\frac{1}{l}$. Ces conditions étant vérifiées, *l'équation* (62) *admet une famille à un paramètre de solutions asymptotiques à zéro pour t infini positif.*

On applique (B') en apportant des modifications de même nature que plus haut au second membre de (65); $\mathcal{E}(t)$ désigne maintenant l'expression $\frac{dy}{dt} + y - \mathrm{F}(t; y)$. On peut dans l'application de la règle du n° 12 ne pas tenir compte de $\eta(t)$ dominant $ae^{\tau - t}$, ce terme étant infiniment petit par rapport au terme conservé $\beta(t)$ ou $|\beta(t)|^{\nu}$; il y aurait lieu cependant de faire intervenir $\eta(t)$ si y étant déjà solution de l'équation différentielle, on prenait $\beta(t) = 0$.

Ces résultats nous seront utiles plus loin (n° 16).

2° Soit ensuite le système

$$\left\{ \begin{aligned} \frac{dx_1}{dt} &= -l x_1 + \mathrm{F}_1(t; x_1, x_2), \\ \frac{dx_2}{dt} &= -m x_2 + \mathrm{F}_2(t; x_1, x_2). \end{aligned} \right. \tag{66}$$

où l et m sont des nombres positifs, et où

$$F_1(t;\, 0,\, 0) = F_2(t;\, 0,\, 0) = 0,$$

auquel nous associons les équations intégrales

$$(67)\quad \begin{cases} x_1(t) = \mathfrak{A}\, e^{-l(t-\tau)} + \displaystyle\int_\tau^t e^{l(\alpha-t)}\; F_1[\alpha;\, x_1(\alpha),\, x_2(\alpha)]\, d\alpha, \\ x_2(t) = \qquad\qquad -\displaystyle\int_t^{+\infty} e^{-m(\alpha-t)}\, F_2[\alpha;\, x_1(\alpha),\, x_2(\alpha)]\, d\alpha, \end{cases}$$

$\mathfrak{A}$ est une constante arbitraire. On suppose que F_1, F_2, considérées comme fonctions de x_1, x_2 vérifient dans le domaine

$$(D)\qquad |x_1| < L, \qquad |x_2| < L, \qquad t > \tau$$

des inégalités de Lipschitz dont les coefficients sont dominés par un nombre ε.

On applique la règle (B′) : le système de comparaison est d'une forme antérieurement étudiée [(50), n° 11], la condition que la gaine

$$|x_1| < Z_1(t), \qquad |x_2| < Z_2(t);$$

Z_1, Z_2 étant solution du système de comparaison de la forme (50) soit intérieure à (D) est vérifiée *si* $|\mathfrak{A}|$ *est assez petit; l'existence des solutions asymptotiques à zéro est alors assurée pour* (67).

On étudierait de même certains systèmes de forme simple auxquels on ramène, par des transformations linéaires portant sur les fonctions inconnues, la recherche des solutions asymptotiques à zéro pour $t = +\infty$ d'un système d'équations différentielles (23) vérifié par $x_1 = x_2 = \ldots = x_n = 0$ et tel que les équations (25) soient à coefficients A_{ij} constants [3, *e*, n°s 9, 12].

Mais on peut obtenir le résultat le plus important concernant ces équations par une méthode bien plus rapide que nous allons donner.

3° Nous partons d'un système (23) en supposant $F_i(t;\, 0, \ldots, 0) = 0$ et les coefficients A_{ij} constants.

On peut construire n solutions linéairement indépendantes

$$z_h = \zeta_{hj}(t) \qquad (h, j = 1, 2, \ldots, n)$$

du système (25), chacune de ces fonctions $\zeta_{hj}(t)$ étant le produit d'une exponentielle $e^{l_j(t)}$ (où l_j est soit une racine réelle de l'équation caractéristique, soit la partie réelle de deux racines imaginaires conjuguées $l_j \pm \omega_j\sqrt{-1}$) par un facteur qui peut être soit une constante, soit un polynome en t, $\cos\omega_j t$ et $\sin\omega_j t$.

Soient $\Delta(t)$ le déterminant de ces n^2 fonctions ζ_{kj}, $\Delta_{pj}(t)$ le mineur correspondant à ζ_{pj}, on construit [3, e, n° 16] un système d'équations intégrales analogue aux équations (26) du n° 6, les noyaux ayant la forme (27). Chaque noyau partiel $\zeta_{ip}(t)\,\frac{\Delta_{jp}(\alpha)}{\Delta(\alpha)}$ est dominé par l'expression $Ke^{(l_p-r)(\alpha-t)}e^{2r\alpha}$, r désigne un nombre positif arbitrairement petit, K est une constante positive. On remplace toutefois la limite t_0 des intégrales (27) par τ si $l_p \leqq 0$, et par $+\infty$ si $l_p > 0$. Pour termes indépendants des équations intégrales, on prend les fonctions solutions du système (25) obtenues en combinant linéairement toutes les fonctions ζ_{kj} correspondant à des nombres l_j négatifs.

L'étude de ce système d'équations intégrales se fait par comparaison avec un système de la forme (52) où l'on prend $\lambda_j = l_j - 2r$ et conduit au résultat suivant :

Si pour t assez grand et pour $|x_1|, \ldots |x_n|$ voisins de zéro, les fonctions F *admettent par rapport à $x_1, \ldots, x_n$ des dérivées du premier ordre continues et des dérivées du second ordre finies, si ces dérivées du premier ordre sont nulles* (¹) *ainsi que les fonctions* F *pour $x_1 = \ldots = x_n = 0$, le système* (23) *où les A_{ij} sont des constantes, admet une famille de solutions asymptotiques à zéro pour $t = +\infty$ dépendant d'un nombre de constantes arbitraires égal à celui des racines de l'équation caractéristique dont la partie réelle est négative.*

Ce résultat, qui a d'importantes applications en Mécanique, est dû à H. Poincaré [9; 19, c], il s'étend aux systèmes à coefficients $A_{ij}(t)$ fonctions périodiques de t. Liapounoff lui a donné une extension bien plus grande, à l'aide d'une notion très importante, celle de *nombre caractéristique* d'une fonction ou d'un groupe de fonctions d'une variable t. Ce nombre sert à estimer leur croissance par comparaison avec la fonction exponentielle [15]. La méthode ci-dessus s'applique fort bien à la démonstration des propositions de Liapounoff [3, e, Chap. II], des hypothèses plus larges que les siennes étant faites sur les systèmes différentiels étudiés.

(¹) Des hypothèses plus larges (exemple 1°) peuvent souvent suffire.

Dans tous les cas précédents, les fonctions $x(t)$ constituant la solution asymptotique à zéro sont dominées par une fonction de la forme $Me^{-\lambda t}$, les constantes M, λ étant positives. Mais il est parfois possible de mettre en évidence des solutions asymptotiques tendant moins rapidement vers zéro, dominées par des fonctions de la forme $\frac{M}{t^{\mu}}$, $\mu > 0$; l'exemple suivant va le montrer.

Imaginons un système différentiel de la forme (23), où il y ait trois variables x_1, x_2, x_3, t ne figurant pas dans les fonctions F, les coefficients A_{ik} étant constants et tels que l'équation caractéristique du système (25) ait une racine nulle, les deux autres réelles et de signes contraires. Des changements convenables de variables [15, n° 28; 3, e, n° 20] le transforment en général en un système de forme simple (bien que t apparaisse dans les seconds membres)

$$(68)\qquad \begin{cases} \dfrac{dx_1}{dt} = -\dfrac{x_1}{t} + f_1(t) + G_1(t;\, x_1,\, x_2,\, x_3), \\ \dfrac{dx_2}{dt} = -l x_2 + f_2(t) + G_2(t;\, x_1,\, x_2,\, x_3), \\ \dfrac{dx_3}{dt} = m x_3 + f_3(t) + G_3(t;\, x_1,\, x_2,\, x_3), \end{cases}$$

où l, m sont des nombres positifs, et où les produits $t^2 f_1(t)$, $t^{1-\rho} f_2(t)$, $t^{1-\rho} f_3(t)$ restent bornés pour $t = +\infty$, le nombre ρ étant compris entre zéro et un; les fonctions G s'annulent toutes pour

$$x_1 = x_2 = x_3 = 0.$$

Ce système donne à son tour un système d'équations intégrales qu'on étudie par comparaison avec (53) et qui met en évidence une famille de solutions asymptotiques dépendant de deux paramètres arbitraires. La théorie précédente n'eût donné qu'une famille à un seul paramètre.

15. Représentations asymptotiques des intégrales de certaines équations linéaires. — Une application de la méthode des approximations successives a été faite aux équations différentielles linéaires dont les coefficients sont développables pour $|t|$ assez grand en séries en $\frac{1}{t}$ (ou plus généralement représentables asymptotiquement par des séries de cette forme pouvant être divergentes); elle conduit à des généralisations intéressantes du théorème classique de Poincaré concernant la représentation asymptotique des intégrales des équations différentielles dont les coefficients sont des fonctions rationnelles de la variable t [11; 19, c, t. III].

Pour cette application, il faut apporter dans l'emploi de la méthode générale une précision plus grande que pour les premiers exemples du n° 13.

Le plus souvent, les solutions cherchées prennent la forme $e^{\lambda t}t^{\mu}S(t)$, les facteurs $S(t)$ sont des séries en $\frac{1}{t}$ qu'on doit étudier; on peut les déterminer comme solutions d'équations (23) où les A sont des constantes et les seconds membres des formes linéaires en $x_1, \ldots, x_n$ dont les coefficients sont des séries en $\frac{1}{t}$ sans termes constants; mais ces facteurs $S(t)$ correspondent précisément à des racines à partie réelle nulle de l'équation caractéristique de (25). D'ailleurs sur l'exemple déjà mentionné (n° 11) de l'équation

$$(54) \qquad x(t) = \int_{+\infty}^{t} e^{t-\alpha}\left(\frac{p_1}{\alpha} + \frac{p_2}{\alpha^2} + \ldots\right)x(\alpha)\,d\alpha + \int_{+\infty}^{t}\left(\frac{q_2}{\alpha^2} + \ldots\right)x(\alpha)\,d\alpha + h,$$

à laquelle se rattache l'exposé de M. Picard [19c, t. III, Chap. XIV] et où l'inconnue $x(t)$ est précisément un facteur tel que $S(t)$, on voit que la seconde intégrale ne contient pas de terme exponentiel. On a vu l'existence d'une solution $x(t)$ donnée par les approximations de M. Picard; pour avoir la représentation asymptotique de cette solution, on détermine le polynome

$$x_n(t) = h + \frac{h_1}{t} + \ldots + \frac{h_n}{t^n}$$

de telle façon que l'expression

$$y(t) = x_n(t) - \int_{-\infty}^{t} e^{t-\alpha}\left(\frac{p_1}{\alpha} + \ldots\right)x_n(\alpha)\,d\alpha - \int_{-\infty}^{t}\left(\frac{q_2}{\alpha^2} + \ldots\right)x_n(\alpha)\,d\alpha - h$$

[erreur sur l'équation (54) relative à la solution approchée $x_n(t)$] soit dominée par une expression de la forme $\frac{K}{t^{n+1}}$, K constante positive;

cette détermination de x_n n'est possible que d'une façon. La règle (B') (n° 12) montre que la différence $x_1(t)-x_n(t)$ est dominée par la fonction déterminée par l'équation intégrale

$$Z(t)=\frac{K}{t^{n+1}}+\int_t^{+\infty}e^{t-\alpha}\frac{P}{\alpha}Z(\alpha)\,d\alpha+\int_t^{+\infty}\frac{Q}{\alpha^2}Z(\alpha)\,d\alpha.$$

Le changement de variable $Z=\frac{\zeta(t)}{t^{n+1}}$ permet de montrer que $\zeta(t)$ reste fini, et par suite que $\frac{Z(t)}{t^n}$ tend vers zéro, ce qu'il fallait établir.

On étudie de même l'équation

$$x(t)=\int_\tau^t e^{\alpha-t}\left(\frac{p_1}{\alpha}+\ldots\right)x(\alpha)\,d\alpha \\ +\int_{+\infty}^t\left(\frac{q_2}{\alpha^2}+\ldots\right)x(\alpha)\,d\alpha+h+h'e^{-t} \tag{69}$$

(où la représentation asymptotique ne fait d'ailleurs, comme on sait, pas intervenir la constante h), et les autres équations intégrales qui se présentent dans le cas d'une équation différentielle du second ordre.

Nous devons nous limiter à ces indications : le sujet a fait l'objet de nombreux travaux (*voir* [10] pour la bibliographie du sujet et *voir* aussi un Mémoire plus récent de M. Garnier où le cas de la variable complexe est étudié d'une façon approfondie [7]). Quelques-uns de ces travaux [12] utilisent la méthode de Dini; nous avons dit qu'elle revenait à l'étude d'un système d'équations intégrales linéaires; ajoutons, avec M. Horn, que les séries de Dini sont précisément celles auxquelles conduit la méthode des approximations successives appliquée à ce système.

16. **Sur certains points singuliers d'une équation du premier ordre.** — Nous dirons, en terminant, quelques mots sur les caractéristiques des équations du premier ordre

$$\frac{dx}{dt}=\varphi(t,\ x) \tag{70}$$

aboutissant en un point d'indétermination de la fonction φ et y admettant une tangente déterminée. Nous pouvons supposer ce point placé à l'origine O et la caractéristique aboutissant en O du côté des $t > 0$. Commençons par les équations de l'une des formes

$$(71)\qquad \frac{dx}{dt} = -A(t)\,[x - f(t, x)],$$

$$(72)\qquad \frac{dx}{dt} = -A(t)\,[-x + f(t, x)],$$

en faisant les hypothèses suivantes : $f(0, 0) = 0$, et dans un domaine D avoisinant O du côté des $t > 0$, $f(t, x)$ admet des dérivées du premier ordre finies et continues ; $f'_x(0, 0) = 0$, $A(t)$ est une fonction positive décroissante et infiniment grande quand t est infiniment petit et positif; l'intégrale $\int_t^\tau A(\alpha)\,d\alpha$ devient infinie quand t tend vers zéro. [Le cas où elle reste finie s'étudie aisément (*voir* n° 4).]

Le changement de variable

$$(73)\qquad t' = \int_t^\tau A(\alpha)\,d\alpha$$

ramène le problème à l'étude faite précédemment (n° 14, 1°) des solutions asymptotiques à zéro pour $t' = +\infty$ des équations

$$(74)\qquad \frac{dx}{dt'} = -x + F(t', x),$$

$$(75)\qquad \frac{dx}{dt'} = -x + F(t', x),$$

où

$$F(t', x) = f(t, x), \qquad F'_x = f'_x, \qquad F'_{t'} = -\frac{f'_t}{A(t)}.$$

Les équations intégrales correspondant aux solutions cherchées de (71) et (72) se déduisent de celles que nous avons formées (63), (65) pour les équations (61) ou (74) et (62) ou (75) par le changement de variable (73), et la même transformation s'applique aux approximations successives. Dans le cas de (75) l'équation intégrale dépend d'un paramètre.

On est ainsi ramené à chercher si la région avoisinant l'origine O dans certains onglets est intérieure à D.

Une première règle (*voir* n° 14) utilise une fonction $m(t)$ dominant f dans D, $m(t)$ étant croissante pour t positif et petit, et $m(0) = 0$; elle donne, dans le cas le plus compliqué, l'onglet $|x| < P\,[m(t)]^\nu$ (P et ν nombres positifs convenablement choisis). La seconde règle fait intervenir une intégrale approchée $y(t)$ où $y(0)=0$ et l'expresion $\beta(t)$ dominant $\frac{1}{\lambda(t)}\frac{dy}{dt} \pm y + f[t, y(t)]$; [$\beta(0)=0$ et $\beta(t)$ croît pour t positif et petit]; l'onglet est alors $|x-y(t)| < P[\beta(t)]^\nu$.

On peut retrouver ainsi les approximations successives utilisées par M. Bendixson [1] pour l'étude des équations

$$(76) \qquad t^n \frac{dx}{dt} = g(t, x) = g_{10}t + g_{01}x + \ldots,$$

où n est un entier, g est une fonction holomorphe, le coefficient g_{01} de x étant différent de zéro. Nous les modifierons un peu. Supposons $n>1$; prenons pour domaine D un angle $-\theta t < x < \theta t$, $t>0$, θ étant positif et $\theta > \left|\frac{g_{10}}{g_{01}}\right|$. Il est ici très simple d'appliquer la seconde règle; en prenant $y = -\frac{g_{10}}{g_{01}}t$ et $\beta(t) = Mt^2$ (M nombre positif convenablement choisi), on montre facilement (*voir* n° 11) qu'il est loisible de faire $\nu=1$, l'onglet $|x-y(t)|<Qt^2$ auquel on est ainsi conduit est intérieur à D; et l'on établit simultanément l'*existence* de caractéristiques aboutissant en O intérieures à l'angle D au voisinage de O et leur *contact avec la droite*

$$g_{10}t + g_{01}x = 0;$$

d'une façon plus précise, on trouve une caractéristique lorsque $g_{01}<0$ et une infinité lorsque $g_{01}>0$.

Dans ce dernier cas, on peut imaginer qu'on ait pris comme première approximation une solution $y(t)$ de l'équation différentielle et en utilisant les méthodes antérieurement données, montrer que l'écart $y_1(t)-y(t)$ entre deux solutions de l'équation différentielle aboutissant en O est dominé par une expression de la forme $ke^{-h(t)}$ où $h(t)=\frac{\gamma}{t^m}$ (k, γ, m constantes positives); l'ordre du contact entre les deux caractéristiques correspondantes est donc infini [19, *c*, t. III Chap. X].

Le cas $n=1$ s'étudie d'une façon analogue.

M. Bendixson a démontré [1] qu'on pouvait toujours, par une méthode de réduction, ramener à l'étude d'équations de la forme (76), la recherche des caractéristiques aboutissant à l'origine avec une tangente déterminée pour une équation (70) où φ est le quotient $\frac{P(t, x)}{Q(t, x)}$

de deux fonctions P, Q holomorphes en t et x s'annulant pour

$$t = x = 0.$$

On pourrait vraisemblablement obtenir le même résultat par une autre méthode que nous indiquerons brièvement.

Un théorème de Weierstrass permet d'écrire

$$\varphi(t, x) = \frac{P_1(t, x)}{Q_1(t, x)} H(t, x).$$

H étant une fonction holomorphe, $H(0, 0) \neq 0$; $P_1(t, x)$, $Q_1(t, x)$ sont des polynomes en x dont les coefficients sont fonctions holomorphes de t. Soit alors Ω un onglet $0 < t < h$, $\varphi_1(t) < x < \varphi_2(t)$, φ_1 et φ_2 étant des polynomes ou des séries entières en $t^{\frac{1}{N}}$, N étant entier. Le changement de variable $x = \frac{\varphi_1 + \varphi_2}{2} + \xi \frac{\varphi_2 - \varphi_1}{2}$ lui fait correspondre dans le plan t, ξ, le rectangle R : $0 < t < h$, $-1 < \xi < 1$: P_1 et Q_1 deviennent des polynomes en ξ. Si pour

$$0 < t < h$$

l'équation $Q_1 = 0$ n'admet aucune racine ξ de module inférieur à l'unité, $\frac{P_1}{Q_1}$ et φ sont fonctions holomorphes de ξ dans le cercle de rayon un de centre $\xi = 0$, et les coefficients de ces fonctions sont les quotients par une puissance convenable de $t^{\frac{1}{\nu}}$ de fonctions holomorphes en $t^{\frac{1}{\nu}}$ ($\nu = N$ ou un multiple de N suivant la nature analytique des racines x_i de $Q = 0$ considérées comme fonctions de t). On voit ainsi que s'il existe des caractéristiques réelles de (70) aboutissant en O intérieures à Ω, il leur correspond des courbes intérieures au rectangle R, aboutissant à son côté $t = 0$, qui sont des caractéristiques d'une équation de la forme

$$\frac{d\xi}{dt} = \frac{L(t, \xi)}{t^p}.$$

L étant holomorphe en ξ et $t^{\frac{1}{\nu}}$, si $p < 1$ on a une forme connue (n° 4); si $p > 1$, un nouveau changement de variable de la forme

$$\xi = \xi_0 + \eta,$$

où ξ_0 est une constante, ramène leur étude à celle d'équations de forme analogue à celles de M. Bendixson.

L'étude des divers cas possibles exigerait une discussion approfondie qui constitue la véritable difficulté de la question (*voir* [1] et les travaux de M. Dulac [6]). Nous nous contenterons de ces indications très rapides, qui ont été données surtout parce que cette méthode de réduction s'étend évidemment à certaines fonctions $\varphi(t, x)$ qui présentent en O un point d'indétermination sans être le quotient de deux fonctions holomorphes.

INDEX BIBLIOGRAPHIQUE.

Tous les articles d'un même auteur ne sont pas mentionnés, notamment quand il s'agit d'une question ayant fait l'objet d'un exposé d'ensemble. Des renseignements plus complets se trouvent dans l'article de M. Painlevé [17].

1. Bendixson. — Sur les courbes définies par des équations différentielles (*Acta mathematica*, t. 24, 1901, p. 1).
2. Bohl. — Sur certaines équations différentielles (*Bulletin de la Société mathématique de France*, t. 38, 1910, p. 5).
3. Cotton (E.). — *a.* Sur l'intégration approchée des équations différentielles (*Acta mathematica*, t. 31, 1908, p. 107).

   b. Sur l'intégration approchée des équations différentielles (*Bulletin de la Société mathématique de France*, t. 36, 1908, p. 225).

   c. Équations différentielles dépendant de paramètres arbitraires (*Bulletin de la Société mathématique de France*, t. 37, 1909, p. 204).

   d. Équations différentielles et équations intégrales (*Bulletin de la Société mathématique de France*, t. 38, 1910, p. 144).

   e. Sur les solutions asymptotiques des équations différentielles (*Annales de l'École Normale supérieure*, 3e série, t. 28, 1911, p. 473).

   f. Sur les fonctions implicites de deux variables réelles (*Annales de l'Université de Grenoble*, 2e série, t. 4, 1927.
4. Darboux. — *Leçons sur la théorie générale des surfaces.*
5. Dini. — Studi sulle equazioni differenziali lineari (*Annali di Matematica*, 3e série, t. 2, 1899, p. 297, et t. 3, p. 125).
6. Dulac. — Sur les cycles limites (*Bulletin de la Société mathématique de France*, t. 51, 1923, p. 45).

7. Garnier. — Sur les singularités irrégulières des équations différentielles linéaires (*Journal de Mathématiques*, 8e série, t. 2, 1919, p. 99).

8. Gau. — Sur un théorème de M. Picard (*Bulletin de la Société mathématique de France*, t. 43, 1915, p. 62).

9. Goursat. — *Cours d'Analyse mathématique.*

10. Hilb. — Lineare Differentialgleichungen (*Encyklopädie der Mathematischen Wissenschaften*, Bd II, Heft 4, 1915).

11. Horn. — Sur les intégrales irrégulières des équations différentielles linéaires (*Comptes rendus de l'Académie des Sciences*, t. 126, 1898, p. 205).

12. Horn. — Ueber das Verhalten der Integralen... (*Journal für Mathematik*, t. 138, 1910, p. 159).

13. Lalesco. — Sur l'équation de Volterra (*Journal de Mathématiques*, 6e série, t. 4, 1908, p. 127).

14. Le Roux. — Sur les intégrales des équations linéaires aux dérivées partielles (*Annales de l'École Normale supérieure*, 3e série, t. 12, 1895, p. 227).

15. Liapounoff. — Problème général de la stabilité du mouvement (*Annales de la Faculté des Sciences de Toulouse*, 2e série, t. 9, 1907, p. 203).

16. Lindelöf. — Sur l'application des méthodes d'approximations successives (*Journal de Mathématiques*, 4e série, t. 10, 1894, p. 117).

17. Painlevé. — Équations différentielles ordinaires. Existence de l'intégrale générale... (*Encyclopédie des Sciences mathématiques*, édition française, t. 2, vol. 3, art. 15, 1910).

18. Perès. — Sur la méthode des fonctions majorantes et la méthode des approximations successives (*Bulletin des Sciences mathématiques*, 2e série, t. 39, 1915, p. 179).

19. Picard. — *a.* Mémoire sur la théorie des équations aux dérivées partielles et la méthode des approximations successives (*Journal de Mathématiques*, 4e série, t. 6, 1890, p. 145).

b. Sur l'application des méthodes d'approximations successives à l'étude de certaines équations différentielles (*Journal de Mathématiques*, 4e série, t. 9, 1893, p. 217).

c. Traité d'Analyse, 2e édition.

20. Pomey. — Sur le théorème d'existence... (*Comptes rendus de l'Académie des Sciences*, t. 180, 1925, p. 569, 725, 1093, 2006).

21. Severini. — Sull' integrazione approssimata delle equazioni differenziali ordinerie (*Rendiconti del Reale lombardo di Scienze e Lettere*, 2e série, t. 31, 1898; t. 32, 1899, et Mémoire édité chez Zanichelli (Bologne, 1899).

22. Zaremba. — Les fonctions réelles non analytiques et les solutions singulières des équations différentielles du premier ordre (*Annales de la Société polonaise de mathématiques*, t. 1, 1922, p. 1).

TABLE DES MATIÈRES.

LIBRAIRIE GAUTHIER-VILLARS et Cie
55, QUAI DES GRANDS-AUGUSTINS, PARIS (6e)

Envoi dans toute l'Union Postale, contre mandat-poste ou valeur sur Paris.
Frais de port en sus (Chèques postaux : 29 323.) R. C. Seine 22 520.

MÉMORIAL DES SCIENCES MATHÉMATIQUES

Directeur : Henri VILLAT

Correspondant de l'Académie des Sciences de Paris,
Professeur à la Sorbonne,
Directeur du *Journal de Mathématiques pures et appliquées.*

Nouvelle collection fondée sous le haut patronage des Académies Française et Etrangères, avec la collaboration de nombreux savants.

Fascicules parus :

Paul Appell. — Sur une forme générale des équations de la dynamique. (fasc. I)........ 15 fr.
G. Valiron. — Fonctions entières et fonctions méromorphes (fasc. II). 15 fr.
Paul Appell. — Séries hypergéométriques de plusieurs variables, polynomes d'Hermite et autres fonctions sphériques de l'hyperespace (fasc. III). 15 fr.
M. d'Ocagne. — Esquisse d'ensemble de la Nomographie (fasc. IV). 15 fr.
P. Lévy. — Analyse fonctionnelle (fasc. V). In-8 de 56 pages; 1925... 15 fr.
E. Goursat. — Le problème de Bäcklund (fasc. VI) in-8 de 53 p.; 1925. 15 fr.
A. Buhl. — Séries analytiques. Sommabilité (fasc. VII), 55 p.; 1926... 15 fr.
Th. de Donder. — Introduction à la Gravifique einsteinienne (fasc. VIII), 53 p.; 1926........ 15 fr.
E. Cartan. — La géométrie des espaces de Riemann (fasc. IX), 58 p. 15 fr.
P. Humbert. — Fonctions de Lamé et fonctions de Mathieu (fasc. X). 15 fr.
G. Bouligand. — Fonctions harmoniques. Principes de Picard et de Dirichlet (fasc. XI)........ 15 fr.
R. Gosse. — La méthode de Darboux pour les équations $s = f(x, y, z, p, q)$. (fasc. XII)........ 15 fr.
A. Véronnet. — Figures d'équilibre et Cosmogonie (fasc. XIII)........ 15 fr.
Th. De Donder. — Théorie des Champs gravifiques (fasc. XIV)........ 15 fr.
S. Zaremba. — La logique des Mathématiques (fasc. XV)........ 15 fr.
A. Buhl. — Formules stokiennes (fasc. XVI)........ 15 fr.
G. Valiron. — Théorie générale des séries de Dirichlet (fasc. XVII)... 15 fr.
A. Sainte-Laguë. — Les Réseaux (ou Graphes), 64 p. (fasc. XVIII).. 15 fr.
R. Lagrange. — Calcul différentiel absolu (fasc. XIX)........ 15 fr.
A. Bloch. — Les fonctions holomorphes et méromorphes dans le cercle-unité (fasc. XX)........ 15 fr.
M. Janet. — Systèmes d'équations aux dérivées partielles (fasc. XXI). 15 fr.
L. Godeaux. — Transformations birationnelles du plan (fasc. XXII).. 15 fr.
Georges Rémoundos. — Extension aux fonctions algébroïdes multiformes du théorème de M. Picard et de ses applications (fasc. XXIII)........ 15 fr.
N.-E. Nörlund. — Sur la « Somme » d'une fonction (fasc. XXIV)... 15 fr.
Georges Darmois. — Les équations de la gravitation einsteinienne (fasc. XXV)........ 15 fr.
Bertrand Gambier. — Déformation des surfaces étudiées du point de vue infinitésimal (fasc. XXVI)........ 15 fr.
Paul Appell. — Le problème géométrique des déblais et remblais (fasc. XXVIII)........ 15 fr.

82344-28 Paris. — Imprimerie Gauthier-Villars et Cie, 55, quai des Grands-Augustins.

www.ingramcontent.com/pod-product-compliance
Lightning Source LLC
LaVergne TN
LVHW050452160826
845677LV00003B/744

* 9 7 8 2 3 2 9 6 6 7 0 6 5 *